历史人类学
小·丛·书

Pocket Series
of Historical
Anthropology

想吃好的

明清中国的稻米种植和消费

张瑞威　著

北京师范大学出版集团
BEIJING NORMAL UNIVERSITY PUBLISHING GROUP
北京师范大学出版社

作者简介

张瑞威，香港中文大学学士，英国牛津大学硕士、博士。现任香港中文大学历史系主任、教授，中国历史研究中心主任，比较及公众历史研究中心主任。主要研究方向为明清社会史、经济史。代表性著作有《米价：十八世纪中国的市场整合》《拆村：消逝的九龙村落》等，以及中英文论文数十篇。

内容简介

本书集中探讨明清时期中国的稻米种植和消费。粮食的主要功能，是养活人类。究竟一个人吃多少才够？这一方面涉及营养问题，另一方面涉及习惯问题。如何能保障一个人吃够？这里则涉及主食和杂粮、不同品种的稻米的产出问题。如果这其中再加上对于不同品种稻米的口味选择问题呢？

围绕这几个问题，本书对于明清长江中下游地区在稻米种植方法上的差异进行了探讨，通过华南的粮食种植和消费的个案、长江流域粮食种植和消费的个案论证稻米的商品化以及长途贸易的出现等，以此探讨影响稻米长途贸易量的主要因素，尤其是稻米贸易是如何在“互通有无”——长途贸易应该自由地存在和“养民”——政府的仓储制度这两个看似矛盾的传统观念下得到发展的。

目录

问题的缘起

锄禾日当午，汗滴禾下土。谁知盘中餐，粒粒皆辛苦。

这首名颂千古的诗，题为《悯农》，来自唐朝官员李绅(772—846)。李绅生于乌程(今属浙江湖州)，长于无锡，是长江下游地区人士。江苏和浙江，简称“江浙”，是传统中国稻米的主要种植区，也是唐朝政府的主要“粮仓”。江浙地区生产的稻米，不单供应当地庞大的人口，更被王朝以漕粮形式征纳，再沿运河船运到首都长安，供养朝廷的官员和驻守当地的士兵，维系了大一统的局面。李绅在成长的过程中，必定目睹过不少在田中辛劳工作的稻农——尽管烈日当空，天气炎热，他们仍要在田中工作，而他们的汗水不断地滴在泥土里。《悯农》一诗，多么令人感动！

李绅是官员士大夫，他的目的只是写一首感动人心的好诗。但作为历史材料，以《悯农》去理解唐代的稻米种植，实在太不够了！究竟诗中所表达的情景是在哪个月份？而稻农又在进行哪道种植的工序？在工作的时候，有没有采用特别的农具？再深一层的问题会是，稻米种植固然是“粒粒皆辛苦”，但为什么农民们不选择种植一些没那么辛苦的农作物，又为什么不使用可以代替人力的耕牛？这些都是研究农业的学者感兴趣的问题。

本书主要介绍中国传统的稻米种植和消费，其中很多内容集中在明清时期。不过作书的缘起，是来自笔者所关注的20世纪50年代江南人和广州人对食用稻米的态度。大多数历史研究都是顺时而写。但在本书中，笔者决定先介绍结果，原因之一，是费孝通对其亲历其境的江南稻米耕作的情况做了非常清晰的叙述，很值得铺陈出来，让读者有一个大概了解；另外更重要的是，读者将可以见到，即使到了现代，华南的城市人口对食用稻米仍然有着一种牢不可破的坚持。

一、够不够吃的问题——开弦弓村，1936—1957年

费孝通(1910—2005)，江苏吴江人，中国第一代人类学家和社会学家。1935年费孝通与新婚妻子一同考察广西瑶山，不幸遭遇意外，妻子丧生，费孝通受伤。之后费孝通也不想再留在广西了，他决定先回家养病，然后赴英继续学业。这时他的姊姊正在吴江县开弦弓村帮助农民办合作丝厂[①]，便约了费孝通到村里去住一段时间。人类学家便趁这个机会，在村子里到处考察，并访问了老乡们的生活。与此同时，费孝通的研究也从广西瑶民转到了江南农民，他利用搜集得来的资料，于

1939年在伦敦出版了 *Peasant Life in China: A Field Study of Country Life in the Yangtze Valley*[②]。书中有不少的内容是关于稻米种植的。

开弦弓村位于苏州南边，距太湖不远，是名副其实的水乡。费孝通在那考察时，该村的土地总面积为3065亩，但到处是河道和湖泊。1936年，开弦弓村共住了274户人家，平日的交通工具就是小艇。[③]

开弦弓村90%以上的土地都用于种植水稻。此地不仅种稻，还种麦子、油菜籽及各种蔬菜，但这些农作物与稻谷相比是无足轻重的。一年中，农民用于种稻的时间便占了6个月。水稻的种植从6月开始，12月初结束。在这半年里，尤其是6月至9月，无论温度还是降雨量都是全年最高，十分适合水稻生长。也可以说，开弦弓村的农民将全年最温暖和雨水最充足的月份留给了水稻，这是他们的主要农作物。收稻以后，农民会利用部分高地种植小麦和油菜籽，但此两种农作物仅是补充性的农作物，其产量仅供家庭食用。[4]

1936年的开弦弓村，每块稻田每一年只能种植一季稻米。在这长达6个月的生长期内，有两个农忙时节。第一个农忙时节是6月至7月上旬的“移秧”。移秧，亦称“插秧”，是稻作的主要技术。顾名思义，“移秧”，就是移植秧苗。农民先划出一片土地让稻种发芽，到稻苗长到30厘米左右时，便将之移植到大田里，一直到收割。这种另辟一块小田种植秧苗的方法，历史上开始的时间不详，却大大改进了稻米的生产。首先，稻苗所占用的空间小，不必霸占整块大田，农民可以因此稍稍延长前一季农作物在大田的种植时间；其次，由于新方法是一次将大田整理好，完全没有杂草，才移植幼苗，因此除草工作变得更加容易。[5]

在移秧之前必须做好以下准备：翻地、耙地、平地，然后是灌溉。一切工作都是人力做的。值得注意的是，开弦弓村农业劳动的一个特点就是不用畜力。费孝通认为那是因为农田较小，每户的田地又相当分散，所以不能使用畜力。他察觉到，农民也不用犁，而是用一种叫作“铁搭”的工具，它的木把有一人高，铁耙上有四个齿，形成一个小锐角。农民手握木把的一端，举过头先往后，再向前甩，铁齿由于甩劲插入泥土，呈一锐角，然后向后拉耙，把土翻松。翻地以后，土质粗，地面不平，农民要把泥土耙细。他们使用同一工具，一个人翻耙平整 1 亩地需要 4 天。这一阶段要引水灌溉，用“水车”从河流引水到农田。费孝通计算，每亩田还需要用 1 天的时间加以平整。一个劳力如果种 7 亩地，大约需要 35 天，相当于稻秧在秧田生长所需的时间。[6]

把稻秧从育秧田里移到大田里，是种稻的重要环节，亦就是农忙时节。农民一早出发到秧田去，秧田有时离稻田很远。农民必须用船来往运送秧苗，孩子们那时也被动员起来帮助工作，但不用妇女帮忙。插秧时六七棵秧为一撮插在一起，孩子们的工作是把秧递给插秧人。一个人不旁移脚步，在他所能达到的范围内，一行可插六七撮，这一行插完后，向后移动一步，开始插另一行。插完一片地以后，再从头开始插另一片。在同一块田地，如果同时有几个人工作，他们便站成一行同时向后移动。插秧人那有节奏的动作给人留下了深刻的印象。给这种单调枯燥的工作加点节奏是有益的，为保持这种节奏，农民常常唱着有节奏的歌曲，随之发展而成专门的秧歌。但这一地区的女子不参加插秧，秧歌流传不如邻区广泛。每人一天大约可插半亩，插七亩约共需两周。⑦

第二个农忙时节是10月下旬的收割。据费孝通的记录，9月上旬稻子开花，月底结谷，这一时期没有特殊的工作可做，是最长的农闲时节。但到10月下旬，某些早稻可以收割，农忙开始。农民用长长的弯形镰刀作为收割的工具，把稻秆近根部割断，扎成一捆捆放在屋前空地上。收割后便是“打谷”，亦即将谷粒从稻秆分离出来。打谷在露天空地或宗族祠堂[8]中进行，将谷穗打击着一个大打谷桶的一边，谷子便从秆上落下，留在桶底，然后被收集起来。收集得来的谷粒被放在一个木制磨里去壳，碾磨转动，壳便与米分开。粗磨的米可以出售，再经过一次精磨，米粒变得雪白，才能食用。该村的土地总面积为 3065 亩，在正常年景每亩每年可生产 6 蒲式耳(bushel)的稻米，总数是 18390 蒲式耳。[9]蒲式耳是容量单位，每蒲式耳约相当于 36.36 升。

忙碌了半年，究竟这 18390 蒲式耳的稻米收成，能否足够开弦弓村人口的日常食用？1939 年，费孝通认为这是绰绰有余的，以一户四口计算，一年的稻米消费只有 33 蒲式耳。[10]故此，全村 274 户的总消费是约 9000 蒲式耳，仅占该村总生产的一半而已。开弦弓村的村民会将余粮通过航船出售给城镇的米行。[11]

1957 年，费孝通在姊姊(已升任江苏省人大代表)的陪同下，再次来到开弦弓村。阔别 21 年的开弦弓村，如同中国其他地方一样，经历了两次翻天覆地的社会改变。第一次改变是1937—1945年日本全面侵华而带来的战争、沦陷和经济倒退；第二次改变是1949年中华人民共和国成立所带来的社会稳定，同时废除了土地私有制。土地私有制在中国有超过数千年的历史，是造成贫富不均的元凶，但它是农民的生产指标。在旧社会，只要某种农作物能卖到好的价钱，农民都一窝蜂地去种植。所以当土地私有制被废除时，这个指标也随之退场，代之而起的是行政主导，这正是中华人民共和国成立后各村相继成立农业生产合作社的原因。1957年，费孝通在这个背景下重访了阔别21年的开弦弓村。对他来说，是似曾相识，又有恍如隔世的感觉。

1957年，中国各地的粮食生产都出现紧张情况，开弦弓村也不例外。当费孝通和他姊姊乘坐的小船开进开弦弓村村栅的时候，大批村民都跑出来看热闹，其中不少是小孩子。人类学家觉得奇怪，便问小孩们怎么都不在学校。孩子们都冲着他笑，有的做了个鬼脸说：“我们不上学，割羊草。”旁边一个老人补充了一句：“哪里有钱念书，吃饭要紧。”村民散后，费孝通悄悄地问当地干部：“是不是粮食有问题?”干部点头：“六百多户的村子里有不少人家感到了粮食有点紧张。”[12]

按道理说，开弦弓村的粮食供应是不应该出现紧张情况的。中华人民共和国成立后，虽然该村人口的确是翻了一番，从原先的 274 户增至 600 多户，但在农业生产合作社的指导下，该村改进了水利，增加了肥料，也发展了双季稻，使水稻的产量大大提升了，1936 年每亩平均产量为 350 斤[13]，到 1956 年已经升至 559 斤，增产 200 多斤，甚至一些村民认为亩产 700 斤也指日可待，到时“一天三顿干饭，吃到社会主义”[14]。

费孝通也认为开弦弓村的粮食是足够的，但并不宽裕，只要农业一旦歉收，便很容易在青黄不接的时候闹饥荒。他指出农村生活最大的保障来自副业，但中华人民共和国成立后的农村问题正正就是源于副业的消失。“开弦弓原来是副业发达的农村。21年前我常听老乡们说：这里种田只图个口粮，其它全靠副业。”他继续指出，在过去，一到农闲，村民就利用船只去做贩卖和运输了。以前用来做贩运的船只有140条左右，活动的范围也很广，几乎包括整个太湖流域：东到上海、浦东，南到杭州，北到长江，西到宜兴、句容。那些老乡对这个流域的水道摸得很熟，而且还会走快捷通道，两天便可以摇到上海，速度惊人。贩运的货物种类很多，比如，靠山地区出产毛竹、杉木、硬柴和炭，靠海地区出产海蜇，靠太湖地区出产蔬菜，而且还有些地区出产特有的手工艺品，如竹器等。如果估计一下，每条船一年挣750斤米是并不困难的。但农业生产合作社建立之后，这些贩卖活动全部停止了，因为它们被认为带有资本主义性质。“为什么运输活动几乎全部停顿了呢？……从农民收入这个角度看去，这些可以利用的船只闲空下来，并不很妙。我们不相信搞社会主义了就不能利用这些生产资料，应当是可以利用得更好，但是事实还不是这样。”[15]

费孝通主要的意思是，中国传统农村从来不是自给自足的封闭区城，万一遇到天灾歉收，农村便依靠市场活动，从邻村购买粮食解决粮食不足的问题。但要做到这一点，是需要金钱的，而金钱的获得，则主要依靠副业。问题是，在1957年的开弦弓村，副业式微了。这就解释了为什么费孝通的船进村后，“一上岸就遇到老婆婆们诉说粮食紧张，没有钱买米”[16]。

费孝通的《重访江村》，是对当时农业政策(尤其是对农村副业)的反思。文章于1957年5月在北京《新观察》杂志分两篇发表。不过，一个月后，费孝通便因另一篇文章被划为“右派”。

二、何不吃番薯——广州，1958 年

水稻生长讲求温度和雨水，故此广东省非常适合这种农作物的种植。卜凯（John Lossing Buck，1890—1975）在 1937 年出版的《中国土地利用》（*Land Utilization in China*）一书中指出，该省大部分地区属亚热带气候，实皆无霜：2 月为最冷之月，平均气温只有 14℃左右；7 月为最热之月，可达 29℃；全年降雨量高而分布均匀，约为 175 厘米，湿度亦较高；秋末冬初，天气晴朗，而春季雨水亦甚多。整个地区的地势高度自 500 米至 1000 米不等，其最重要的平坦区域，便是珠江三角洲。珠江三角洲河渠交织，地跨十县，面积共约 18130 平方千米，是全省最利于耕种稻米之地，耕种亦最集约。[17]

与江南不同，广东省的稻米收成基本上可达每年两季，当地称为“两造”。两造分别指“早造”和“晚造”。在

广东省南部地区，早造又称“头造”或“春造”，2月过后，大地回春，农民便预备好稻田。3月前后，雨水渐多，开始播种育苗。但农作时间并不是一成不变的，农夫会因应当年的天气情况，如遇上寒流，便会延后下种。数周过后，秧苗稍壮，便可插秧。农民一般都会在4月前赶紧完成插秧，以免延误收成及晚造播种的时机。8月前后，农民便开始收割。晚造又称“尾造”或“秋造”，农民一般于7月开始播种。8月是农民一年中最为繁忙的时间，原因是夏天天气阴晴不定，农民一方面要趁好天，赶忙收割早造，打谷晒谷，另一方面又要准备晚造，育苗插秧，早造与晚造的工作可谓环环相扣。若太迟插秧，秧苗的生长会滞后，便有可能遇上10月的寒风，影响收成。到了11月，便可以准备收割晚造了。[18]1941年，广东省建设厅农林局的农业专家有以下总结：“本省普理种植二造，早造于春分至清明时播种，立夏前后插秧，中耕一二次，大暑前后收获。晚造则于大暑后插秧，霜降前后收获。”[19]

即使广东的天气对于稻作而言得天独厚，1958 年该省仍然出现粮食短缺问题。[20] 如何进一步扩大农业生产，成为该省政府亟须解决的问题。以 1957 年计算，全省粮食种植面积是 10162 万亩，粮食总产量是 245 亿斤。5 月 30 日，广东省委书记处提出在第一个五年计划(1953—1957)中，广东省已增产了粮食 55 亿斤，但要再下一城，目标是在第二个五年计划(1958—1962)内，增产 60 亿斤[21]，亦即将全省的粮食年产量由 245 亿斤推到 250 亿斤。这里应说明一下，由于广东省是以稻米为主粮，这 250 亿斤是以稻谷计算的。若农作物是番薯，则按 4 斤鲜薯折合 1 斤稻谷算。

广东省的晚造生产比较稳定，但包括早造在内的春收作物在广东全年的粮食总产量中的比重是不大的。为了增加稻田生产，广东省政府的第一项措施是增加早造收成，提出通过提早播种和插秧的时间，以及缩小插秧的株行距，从而增加每亩田地的稻米产量。如果株行距在4～6吋(英寸旧称，1吋＝1英寸＝0.0254米)之间，每亩便能插上2万～2.5万科(每科有4～5棵稻苗)，那么每科可生长共10穗，每亩便至少有20万穗。如每穗能结出50粒谷，那么一造便至少收谷500斤，全年收800斤至1000斤便有了保证。[22]亩产800斤，那便响应了中共广东省委员会较早前提出的省内粮食生产目标——“从1956年开始，在7年内，全省粮食每亩平均年产量达到800斤，并且争取达到900斤(佛山和汕头专区两个生产条件比较好的地区，争取达到1,000斤，其余地区为800斤)。”[23]

要达到全省粮食年产量250亿斤的目标，单单增加稻米的亩产量是不够的，于是省政府提倡扩大番薯种植面积。这是有道理的，假设一块田，它的数量和质量相同，人们如在这块田上种水稻，每亩一造可收谷500斤(脱谷后是350斤大米)，如种番薯，则至少可收鲜薯

5000斤。[24]换言之，番薯的亩产量，是稻米的10倍。政府的计划是，通过开垦荒地，致力于将全省秋种番薯(冬天收获)的种植面积由900万亩增至1100万亩，而冬种番薯(春天收获)的种植面积则由730万亩扩大至1500万亩。每亩的番薯产量也定了目标，秋种番薯亩产要从1004斤增至3000斤，而冬种番薯的亩产目标则是2000斤。如海南和雷州半岛这些十分适合番薯生长的热带地区，亩产要求更高。广东省政府工作人员预计，如果计划成功，单是秋种番薯一项，便可将总收成量从90亿斤增至330亿斤，以4斤番薯折合1斤稻谷，则是从22.5亿斤增至82.5亿斤，增产足足60亿斤，那会是很大的成功。[25]

不过，省政府的农业政策被部分富有经验的农民批评为不切实际，他们有很多意见：

> 譬如有许多人就反对早播，说什么“播种播得

早，禾熟喂雀鸟”；还有些人怀疑早插，认为历来都是“早造插谷雨，晚造插处暑”，“早插也是大暑收割，迟插也是大暑收割”；也有人不赞成密植，说什么“蔬禾有谷粜，密禾有秆烧”等等。[26]

番薯的推广同样遇到抵抗，不过抵抗者不是乡间的农民，而是城市居民。广东省副省长安平生指出：

长时期以来，人们对于番薯存在着一些不正确的看法。这就是轻视番薯的思想。例如说番薯“没营养”，番薯是“杂粮”、“粗粮”。在雷州半岛流行着一句话，如说某人没有用处，就说他是“大番薯”。甚至还有人诬蔑番薯，说吃了番薯“人会变傻”。这些错误的思想，流传的范围极广，影响甚深。在我们看来，城里人受这些不良思想的影响比乡下人更大。在乡下，虽也有人说番薯的坏话，但实际上对番薯是喜爱的，因为番薯是“主粮”，是宝中之宝。[27]

根据副省长的观察，广东省的农村人和城市人对于食物有着不同的态度，继而衍生出了社会身份标签。食物的作用是充饥，这个说法在农村比较容易被接受；但对于城市人来说，食物不只是为了充饥，不同的食物会给享用者披上不同的身份外衣。由于番薯是农村人的主粮，番薯便成为农村人的身份标签，而“大番薯”便成了城市人骂人愚蠢的用词。

当食物带来了社会身份问题，政府要处理的已经不止于提高生产力的问题，还要想办法改变城市人对番薯的观感。1958 年，佛山市和湛江市的地方政府便举办了推广吃番薯的活动，包括请当地的大厨师，用他们的巧手，制作精美、适口和丰盛的番薯宴。安平生副省长也参加了一场这样的番薯宴，他觉得很成功，要求半月内全省所有的城镇都要这样办。他在文章中说："人们只要吃上一次番薯制成的酒菜，就会热爱上番薯。"[28]

三、问题：味道的追求

粮食的主要功能，是养活人类。究竟一个人吃多少才够？中华人民共和国成立后，国家废除土地私有制，与此同时对粮食进行配给，这个问题变得史无前例地重要。究竟要向每个人发放多少粮食，才不致让人饿死？1956 年开弦弓村每人每年能分到 380 斤稻米[29]，这个配额是否足够？这是当年费孝通重访江村时思考的其中一个问题。

一个人吃多少才够？费孝通发现这是一个很难回答的问题，一方面涉及营养问题，另一方面也涉及习惯问题。习惯不同，各地认为足够的标准多少也会有些差别。譬如，一个年轻小伙子，一天至少要吃 2 斤米；如果放手让他尽量吃，还会超过这个数目。于是费孝通请了几位老乡一起来评判，依他们多年的实践经验，怎样才算吃够了。他们得到的数字是男性全劳动力一人一月50斤，女性半劳动力35斤，10岁以下儿童20斤，婴儿不算。一家开伙，老少可以配搭。以平均四口计算，一男一女两儿童，每月的稻米标准是125斤，一年是1500斤。[30]

费孝通指出，开弦弓村的粮食供应处于一个危险的境地。按照该村每人380斤稻米的配给量，4人家庭便是1520斤，的确足够让人们生活下去，但很勉强。万一该村遭遇歉收，配给量减少，便会出现饥荒。过去农村人口应对歉收的办法，是利用副业得来的金钱去邻村购买粮食以补充不足，但这个方法已经行不通了。

要养活人口，农业增产是必然途径。于是全国各地的农业合作社都在拓展农业、改进水利、增加肥料，等等，务求将粮食的亩产推高，避免饥荒。

另一个可行的办法是种植杂粮。在江南，粮食配给是以稻米计算的，但配给的不完全是稻米，有一部分是杂粮。所以开弦弓村的380斤，其实包含了稻米、麦子和豆子，当中麦子和豆子是以某一种折算方式被纳入了粮食的配给内。[31]换言之，配给的粮食，只是每年斤数相同，而主粮和杂粮的比例可以不同。当稻米生产出现不足的时候，政府自然会多发杂粮，反正粮食生产的目的是养活人口，主粮可以，杂粮也可以。

但人类对粮食的要求，并不单单是为了填饱肚子，他们还追求味道，以及由此而来的社会地位。1958年广州人对番薯的抵抗，意味着即使在粮食供应紧张的岁月里，他们对主粮的追求也没有减弱。所谓主粮，其真正的含义是餐桌上应有的食物，但它不一定是每个家庭都有能力负担的食物。如果我们将人们对主粮和杂粮的取舍放到中国稻米市场的历史上看，那会是怎样的一幅图景？这是本书的第一个问题。

如果我们把口感问题再深挖一层，那么疑惑就会是：在不同稻米的品种之间，人们又会如何选择？这是本书的第二个问题。黄宗智记录了中华人民共和国成立后松江县从种植单季稻到种植双季稻的农业发展。他指出1955年以前，在松江无双季稻可言，全县80%以上的耕地都种植水稻，但几乎都是单季稻。双季稻首次于1956年在松江15%的耕地上进行大规模试验，然而这一次密集化生产带来了双抢（早稻抢收、晚稻抢插）和二秋（秋收、秋耕、秋播）的巨大压力：在5月25日前必须完成上年冬小麦、大麦收割和早稻插秧，在8月10日前必须完成早稻收割和晚稻插秧，在11月10日前必须完成晚稻收割和小麦、大麦播种，一步脱节就会影响所有步骤。1956年的试点之后紧接而来的是打退堂鼓，下一年度的双季稻种植面积骤降一半以上，直至60年代中期引进机耕，双季稻才再度进行大规模试验。大型拖拉机早在1958年就在松江县使用，但只有在1965—

1966年小型的手扶式拖拉机大量涌现后，机耕才发挥出充分的影响力。1969年以来，双季稻在全县土地上推行，形象地反映在这样的口号——“消灭单季稻!”上。单季稻种植面积急剧减少，1963年时为513989亩，到1977年时仅为19146亩。1976—1979年水稻平均亩产达到1222斤，比1952—1955年的532斤提高了130%。[32]松江水稻的亩产增加了，可惜的是，黄宗智没有告诉我们，新的松江双季稻是否比得上以前单季稻的口感。

针对这两个问题，本书分为四部分。第一部分，我从江南有没有耕牛这个问题，去说明明清长江中游和下游地区在稻米种植方法上的差异。传统中国的稻米种植，其生产的增长都要依靠大量劳力的投入，这往往被学者视为“内卷化”或“过密化”(involution)。[33]本书无意争论“内卷化”的问题，该部分想要表达的是，若我们以技术作为切入点去探讨明清农业的现代化进程的话，那经济表现卓越的江南绝对不是一个良好的选择。因为如果稻米种植的劳力投入是内卷，那么不大用耕牛的江南，比起较晚开发的江西或湖南这些长江中游的省份来说，更加内卷。而相较江南，使用耕牛的江西的农业发展更为蓬勃，即如伟大的农学作品《天工开物》的作者宋应星(1587—约1666)，就是江西人。

第二部分讨论华南的粮食种植和消费，以此去论证稻米的商品化以及长程贸易的出现，并非来自人口压力。针对粮食生产的人口压力论，在20世纪大行其道，并主导了对明清以至近代中国经济史的解说。明清时的中国，在大部分时间里社会稳定，人口增加，由于人口的现数自然是粮食支持的结果，所以人口压力导致稻米生产增加甚至稻米市场蓬勃发展看起来是自明的道理。不过在这一部分，我们将见到这个理论不能完全解答以下两个问题：(1)为什么人口增加一定要吃稻米，不能吃杂粮？(2)为什么输入稻米的地区，往往是富裕人口定居的城市？

第三部分继续探讨稻米长程贸易的出现，只是将研究点从华南转移到经济更加发达的长江流域。过去许多中国米粮市场研究，不单忽略杂粮的作用，更将稻米视作单一品种。该部分将指出，江南的消费者之于稻米，不是糊口的零和游戏。消费者不单比较主粮和杂粮，还比较不同品种的稻米。人对粮食的选择，固然是为了追求口感，但口感也受市场价格的制约。因此所谓米粮的买卖，对消费者来说，就是对口感和价格的考虑。口感比较固定，但稻米的价格却因收成丰歉而涨落不定，这才是影响清代长江流域稻米贸易量的主要因素。

广州和江南的城市人口，能够做出口感和价格的考虑，那是因为存在一个自由米粮市场。但长程贸易绝不是自然或必然产生出来的，那需要国家政策的配合。第四部分探讨两个影响米粮贸易的传统观念。第一个观念是“互通有无”。互通有无强调境内商品流通不受人为因素的干扰。在这个观念下，省与省之间的长程贸易便应该维持。第二个观念是“养民”，即统治者不能让其子民挨饿。在这个观念下，清朝在每个县都设立了政府粮仓，主要目的是让米价保持低稳。由这两个观念所产生的政策便很矛盾——如果仓储成功，大家都光顾政府粮仓了，哪还有人当米商？在这一部分，我们将讨论政府粮仓的运作，从而了解清朝的长程稻米贸易是如何在这两个观念下得到发展的。

常言道，中国人是吃稻米的民族，其实吃稻米的还包括很多国家。在结论部分，我们将看到稻米的世界史。不同国家的人，如中国人一样，千百年来，都在为了如何可以吃好一点而烦恼。

注 释

① 缫丝是江南农村的主要副业，但在20世纪30年代，当高质量的机器缫丝逐渐取代了人工缫丝，不少江南农村的生丝开始被市场嫌弃。为了帮助农民，江苏省立女子蚕业学校在农村开办合作丝厂，借此把机器缫丝输入农村，提高了生丝的质量，而费孝通的姊姊便是参与了在开弦弓村开办合作丝厂的工作。参见费孝通：《重访江村》(1957年)，见《费孝通文集》第7卷，56页，北京，群言出版社，1999。

② Hsiao-Tung Fei, *Peasant Life in China: A Field Study of*

Country Life in the Yangtze Valley, London, Routledge & Kegan Paul Ltd., 1939. 此书在 1986 年被戴可景翻译成中文，由江苏人民出版社出版，称《江村经济——中国农民的生活》。这里的“江村”，就是开弦弓村。

③ 参见费孝通：《江村经济——中国农民的生活》(1939 年)，见《江村经济——中国农民的生活》，33、46 页，北京，商务印书馆，2002。

④ 参见费孝通：《江村经济——中国农民的生活》，见《江村经济——中国农民的生活》，31、138～139、141 页，北京，商务印书馆，2002。

⑤ 开弦弓村的农民，在 6 月准备好一小块田地育秧，把种子撒在秧田里。约一个月以后，稻子便能长出 30 厘米左右的嫩苗。这一时期稻苗不需要大的间隔，只是在浇灌方面需要细心调节。在小块田地上育秧，同时在大块田地上做准备工作，这样比较方便、经济。参见费孝通：《江村经济——中国农民的生活》，见《江村经济——中国农民的生活》，144 页，北京，商务印书馆，2002。

⑥ 参见费孝通：《江村经济——中国农民的生活》，见《江村经济——中国农民的生活》，144～146 页，北京，商务印书馆，2002。

⑦ 参见费孝通：《江村经济——中国农民的生活》，见《江村经济——中国农民的生活》，146 页，北京，商务印书馆，2002。

⑧ 宗族祠堂除了用来祭祀祖先，还可以用作劳作的场所，如养蚕、缫丝、打谷等。天冷或下雨时，人们在这里休息、吃饭，也在这里接待客人或存放农具和农产品。参见费孝通：《江村经济——中国农民的生活》，见《江村经济——中国农民的生活》，113 页，北京，商务印书馆，2002。

⑨ 参见费孝通：《江村经济——中国农民的生活》，见《江村经济——中国农民的生活》，31、147、176 页，北京，商务印书馆，2002。

⑩ 参见费孝通：《江村经济——中国农民的生活》，见《江村经济——中国农民的生活》，46、176 页，北京，商务印书馆，2002。

⑪ 参见费孝通：《江村经济——中国农民的生活》，见《江村经济——中国农民的生活》，230 页，北京，商务印书馆，2002。

⑫ 费孝通：《重访江村》(1957 年)，见《江村经济——中国农民的生

活》，257～258 页，北京，商务印书馆，2002。

⑬ 费孝通没说这 350 斤的数字是从何而来的，但有可能是从《江村经济——中国农民的生活》的 6 蒲式耳换算出来的。如果真的是这样，那么每蒲式耳相当于 1956 年开弦弓村的 58.3 斤。

⑭ 参见费孝通：《重访江村》，见《江村经济——中国农民的生活》，258～259、277 页，北京，商务印书馆，2002。中华人民共和国成立后开弦弓村水稻增产的原因，可能还包括了妇女也被动员参与种植。虽然费孝通没有提到这一点，但他在《江村经济——中国农民的生活》中说过该村妇女大多从事缫丝等副业，所以不用参与田间工作。参见费孝通：《江村经济——中国农民的生活》，见《江村经济——中国农民的生活》，151 页，北京，商务印书馆，2002。不过在《重访江村》中，我们知道开弦弓村的缫丝手工业已经式微，而其他副业也大多被取缔，如此的话，则妇女应该会被农业生产合作社动员参与田间活动。

⑮ 费孝通：《重访江村》，见《江村经济——中国农民的生活》，259、265～266 页，北京，商务印书馆，2002。

⑯ 费孝通：《重访江村》，见《江村经济——中国农民的生活》，274 页，北京，商务印书馆，2002。

⑰ 参见卜凯主编：《中国土地利用》，黄席群译，94～95 页，台北市，台湾学生书局，1971。

⑱ 参见胡应手：《种稻的人：香港稻米生产的技术与传承》，24 页，香港，伍集成文化教育基金有限公司，2019。

⑲ 广东农林局编：《广东农业概况》，3 页，曲江，新建设出版社，1941。

⑳ 参见广东人民出版社编：《粮食生产速度可以加快》，11 页，广州，广东人民出版社，1958。

㉑ 参见广东人民出版社编：《粮食生产速度可以加快》，1～2 页，广州，广东人民出版社，1958。

㉒ 参见广东人民出版社编：《粮食生产速度可以加快》，1、4 页，广

州，广东人民出版社，1958。

㉓ 《广东省7年农业建设规划(草案)》(1956年3月31日中共广东省委员会提出)，见广东人民出版社编：《广东省7年农业建设规划(草案)》，1页，广州，广东人民出版社，1956。

㉔ 参见广东人民出版社编：《粮食生产速度可以加快》，13页，广州，广东人民出版社，1958。

㉕ 参见广东人民出版社编：《粮食生产速度可以加快》，11～12页，广州，广东人民出版社，1958。

㉖ 广东人民出版社编：《粮食生产速度可以加快》，7页，广州，广东人民出版社，1958。

㉗ 广东人民出版社编：《粮食生产速度可以加快》，12页，广州，广东人民出版社，1958。

㉘ 广东人民出版社编：《粮食生产速度可以加快》，14页，广州，广东人民出版社，1958。

㉙ 参见费孝通：《重访江村》，见《江村经济——中国农民的生活》，275页，北京，商务印书馆，2002。

㉚ 参见费孝通：《重访江村》，见《江村经济——中国农民的生活》，275～276页，北京，商务印书馆，2002。

㉛ 参见费孝通：《重访江村》，见《江村经济——中国农民的生活》，275页，北京，商务印书馆，2002。

㉜ 黄宗智认为，1980年之前，中国长江三角洲农业生产的增长都要依靠大量劳力的投入，都是“过密化”。参见黄宗智：《长江三角洲小农家庭与乡村发展》，224～225页，北京，中华书局，1992。

㉝ 参见黄宗智：《长江三角洲小农家庭与乡村发展》，北京，中华书局，1992。

江南有耕牛吗?

对于人类来说，牛有两大作用：第一是提供肉，第二就是提供力。据现代数据，牛的正常挽力，是它体重的15%～20%，比马的正常挽力为其体重的13%～15%还要高。[①]

牛的这种高强力度，可以拉车，又可以犁田和耙田。所谓犁田，就是让牛去拉一个犁，把富有养分的深层泥土翻到地面。当然也可以让人去拉犁，不过那是相当花时间和费劲的事情呢。愈是干涸的土地，犁田愈是辛劳，这时牛便是最佳的帮手。大概正因如此，就这个“犁”字来看，不论在甲骨文还是在金文中，都是从牛字。[②]犁的操作很简单，只需要牛拉着犁向前移动，而农民则在后面扶着犁跟随，并不时注意前进的方向和翻土的深度便可。犁田之后，地面布满大块大块的泥土。这时农民需要利用一个钉耙把泥块一个个打碎。但如果有牛，也可以用牛拉耙，那就省便得多。

将野牛驯养，协助耕种，是早期人类农业文明发展的重要进程。[③]在中国，牛耕究竟始于何时？这个问题不能单靠对出土文物的考古学探索，如果结合文献记载，我们可以肯定的是，中国人用牛去耕田，早在先秦就已经出现，例如，《山海经》便记载，将牛引进耕种，是自周文王的祖先叔均开始的。[④]

春秋时期，牛是尊贵的动物，故此读书人会以牛作名或字。例如，孔子(前551—前479)便有两个弟子均以牛作字，并且其名也与耕种有关。第一个是冉耕，字伯牛；第二个是司马耕，字子牛。[⑤]

古代帝国强大的前提是，不单要拥有广阔的土地和大量的农民，还要有充足的耕牛去做配合。汉武帝(前156—前87)统治晚期，以赵过为“搜粟都尉”(相当于粮食部部长的职务），推广“代田法”。这时北方的农民为了应付干旱的气候，已经发展出一种叫作“甽亩制”的耕作方式。简单来说，先在农田上挖出一条一条的“沟”（或称为“甽”），而高于沟的两旁泥土则是“垄”（或称为“亩”）。播种时，根据地势的高低和土壤含水量的多少来决定播种的位置。一般地势较高的地方选择种在沟中，而地势低的地方种在垄上。赵过的“代田法”，是把垄和沟的位置逐年轮换，让土地轮流休息，提升农田的生产力。除了代田法，他还提倡两头牛配三个劳力进行拉犁。[⑥]这种利用两头牛去拉一个犁的做法，在中国南方非常罕见，考虑到北方的土地处于严重干旱的状态，如果缺乏耕牛的协助，农业的开发实在非常困难。

一、华北的牛

中国华北地区土地干涸，耕牛是极其重要的牲畜。

汉武帝以后，在文物中见到的牛耕图像较以前更多，不过都是来自淮河以北的地区。例如，徐州市睢宁县出土的汉画像石，是目前关于牛耕活动的一件较古老的考古证据——二牛合力牵引一犁。这样的耕作方式，被称为“二牛抬杠”，是当时北方旱作地区的农村常见的耕作法。东汉榆林窟壁画上的牛耕图，由一人扶犁，二牛拉犁，也是“二牛抬杠”的典型。⑦

在华北，田地和耕牛是最佳的配搭。汉献帝建安七年(202)七月，曹操刚灭袁绍，尽占华北地区。为了抚恤阵亡将士，他下令若将士无嗣，于其家乡建立家庙，并请亲戚为之觅一养子，以作供奉。另外，为了让该养子能好好生活，政府将赐赠田地和耕牛。⑧

但饲养耕牛，并非一件简单的事情，农夫要建置牛舍、找寻适合的饲料、防治疾病，等等。当然，饲养期间的管理也同样重要。一般来说，幼牛长至一岁或一岁半时，也就是穿好鼻环以后，就可以开始训练使役。黄牛在五岁到九岁、水牛在四岁到十岁时，耕作能力最强，十岁以后随着年龄的增加，能力逐渐衰退。到十四岁以后，一般已到达淘汰的年龄，但如管养得当，使役合理，可延长使役年限至二十年以上。[9]

耕牛的使用，会导致耕种成本增加。西晋(266—316)初年，司马氏政权在首都洛阳设置国家牧场，并饲养了大量牛只，主要用来拉车、耕田和配种。到了晋武帝咸宁四年(278)，牧场内的大小牛只已有 45000 多头，供过于求。它们既不供车驾，也没有穿鼻，徒费大量养牛的人力和谷草。于是官员杜预便建议将其中的 35000 头运送去颍川郡和襄城郡(今河南中部地区)，给当地的农民作耕牛。他说这两个地区“以水田为业，人无牛犊”，而且正在遭受水灾，颗粒无收。如果接收了这批官牛，有望提高生产力，待第二年粮食登仓之后，政府便可要求他们偿还每头牛 300 斛[10](2 斛等于 1 石)稻谷的债务。[11]

如何有效地饲养耕牛，理应是古代农书的必然内容。成书于6世纪的《齐民要术》，被视为中国现存最早、最完整的古代综合性农学巨著。作者是北魏(386—534)的高阳太守贾思勰，生卒年份不详，大概生活在北魏末期至东魏初期。贾思勰是山东青州益都(今属山东寿光)人，石声汉认为高阳就是今日的山东省淄博市临淄区。[12]这使得这部通用性的农书，关注的区域基本上围绕着位于华北的黄河下游地带。

《齐民要术》全书共10卷，卷六是讨论农场牲畜的。在这一卷中，贾思勰引述陶朱公[13]之语，说“你想很快致富，便应饲养五种母畜”。这五种牲畜，便包括了牛、马、猪、羊、驴。贾思勰强调，养牛是国之大事，春秋时期甯戚便是因为饲牛有方而被君主赏识。[14]

不过，《齐民要术》感兴趣的不是耕牛，而是用来拉车的牛。上述甯戚故事里的牛，也是拉车的。关于甯戚“饭牛”的故事，战国时的《吕氏春秋》有记载：甯戚是来自卫国的贫困者，却有辅助齐桓公的大志。为了得到齐桓公的赏识，他用牛车为商人装载货物来到齐国，在城门外面日夜等候。一个晚上，齐桓公真的出城了，但随从众多。于是甯戚一面在车旁喂牛，一面望着齐桓公，并敲着牛角高声悲歌，表达了屈屈不得志的心情。齐桓公听到后，便知道甯戚乃非凡之人，于是授以官职。[15]

《齐民要术》中，有一节是“相牛”，即根据牛的外表来判断牛的健康和能力。在健康方面，健康的牛，下颏下面的垂皮会出现分歧，千万不要挑选牛角不正、牛角冰冷的或牛毛卷曲的，因为这些都是病牛的特征。耳朵多长毛的，不耐冷热，也不要挑选。贾思勰认为，优秀的拉车牛要有力，在形体上的特征是牛尾少毛多骨，尾巴也不要长得拖地，最重要的是走得快。在这方面，《齐民要术》提出以下几点注意事项：第一，牛眼要靠近角；第二，眼要长得大；第三，“二”(从鼻至肩胛骨为前轨，从肩胛骨至腰骨为后轨)要相齐；第四，颈骨要长而且大；第五，小便时要尿到前脚。[16]这些都是拉车牛需要具备的条件。

贾思勰没提耕牛，但那并不表示中国农民没有这方面的知识。在《齐民要术》成书之时，华北饲养耕牛已有超过一千年的历史，农民肯定已经累积了大量挑选、饲养和运用耕牛的知识，只是这些知识还未有系统地见之于文字而已。

二、宋朝江西的水稻种植

种植稻米，对温暖的气候和充足的水源非常讲究，这便局限了它的主要种植区在中国南方一带。在华北，一望无际的大平原，是很难种植稻米的，因为下雨之后，雨水很快便流干了。

《齐民要术》的重点是教北方人如何种植"粟"。全书分为 10 卷，共 92 篇文章。作为全书开首的卷一，共

3篇文章，分别是《耕田》《收种》和《种谷》。[17]这里的“谷”，就是粟。粟，古时又称为“稷”，为一年生草本植物，籽实为圆形或椭圆形小粒。籽实经脱壳去皮后，便是可以煮食的米。因为它相较于其他禾谷类作物如稻米和麦子，粒形偏小，因而又称为小米。[18]

粟和稻都是中国最早的主要粮食，一个产自北方，一个产自南方。其实小米并非寒带植物，它更喜欢温暖的气候，尤其害怕霜降。它在北方生长较好，主要原因是这种植物更怕大量雨水。在中国北方和西北方，雨量极少，土地很干燥，并且一到夏季，气候非常炎热，所以种小米是很适宜的。[19]

据《齐民要术》，小米有两大品种——“早熟”和“晚熟”，其分别在于，“成熟有早晚，苗秆有高下，收实有多少，质性有[illegible]弱，米味有美恶，粒实有息耗”。简单来说，早[illegible]小米早种，3、4月播种，成熟也较早。这一[illegible]种对土壤的要求低，因此“薄地”可以栽种，而且结成的谷粒多，米粒也充实，煮后出饭率高，但唯一的问题是口感差(与晚熟小米比较)。晚熟小米须要晚种，5、6月才播种，而且必须在“良田”上栽种。它的问题是需要较多种子，在薄田种植早熟小米，每亩田只需3升种子，但若在良田种植晚熟小米，便需5升种子。虽然投放的种子多，但产量却较早熟小米少，而且米粒欠充实，煮熟后不涨锅。虽然有种种不利因素，但贾思勰仍指出，晚熟小米有较好的口感。[20]

贾思勰说：“凡谷，成熟有早晚，苗秆有高下，收实有多少，质性有强弱，米味有美恶。”[21]近代农学家推崇《齐民要术》，其中一个原因是该书注意到了小米茎秆和产量的关系。早熟小米的茎秆较晚熟小米短矮，却有较多的收成。[22]其实，《齐民要术》的杰出之处，是不只注意到品种和产量的关系，还明白“味道”如何影响了农民对品种的选择。

《齐民要术》也有介绍稻米的种植。不过，由于该书的目光在华北，所以它只将稻米视为一种次要的农作物。书中将稻分为“旱稻”和“水稻”两大类，排列在卷二的第11篇和第12篇，在大小麦之后。旱稻和水稻的分别，顾名思义，就是取决于稻米在生长期间的需水量多少。稻基本上是一种水生植物，亦即所谓“水稻”；它也可以在陆上生长，俗称“旱稻”，不过成熟的颗粒大为减少。简单来说，种植稻米只需要善用低洼的土地，但这种农作物不是华北的主粮。农民辛劳一点，便种植水稻；若懒惰一点，或分不出劳力照顾稻谷，最好还是选择种植旱稻。《齐民要术》对农民的建议是，若在平原地带，他们是应该种植小米或小麦的，不过如果田地中出现低洼地带，亦即所谓“低田”，积水容易浸坏小米、豆子和小麦，便可考虑在这些地方栽种稻米了。[23]

稻米的种植，必须接近河流，除非水源是地下泉水，一般来说，有山才有河，这正是中国南方的普遍地貌。考古学家指出，黄河流域绝少发现稻的遗存，稻在新石器时代的地理分布，大体限于秦岭、淮河以南的长江流域和东南沿海一带。[24]在长江流域，位于中游地带的江西是其中一个盛产稻米的省份。江西气候温暖湿润，一年中无霜期长，自然灾害频率又不高，为稻米的种植提供了有利的客观条件。[25]

北宋(960—1127)建都开封，朝廷更加依赖长江流域的稻米供应，因而刺激了江西的稻米生产。江西的士大夫很重视本地农书的编辑，但华北流行的《齐民要术》，并非他们种稻的主要参考。其中一部本地著作，是北宋时期江西泰和人曾安止所著的《禾谱》，可惜该书在明代已经佚亡，故其内容久不为世人所知。1983 年，曹树基在江西省吉安市泰和县进行农史调查时，从该县石山公社匡原村所藏光绪三十四年(1908)刊《匡原曾氏重修族谱》中意外发现了《禾谱》的部分内容。可惜该书只是残存部分，而且许多内容还被族谱撰修者删削。[26]

从残存的《禾谱》中，我们知道北宋时期江西的水稻品种基本上分为“早稻”和“晚稻”两大类。在泰和县，早稻在立春(阳历 2 月 3 日前后)至芒种(6 月 5 日前后)播种，收割的季节是小暑(7 月 7 日前后)至大暑(7 月 22 日前后)。至于晚稻，可在清明(4 月 4 日前后)播种，在寒露(10 月 8 日前后)至霜降(10 月 23 日前后)收割。早稻共有 12 个品种，包括稻禾、赤米占禾、乌早禾、小赤禾、归生禾、黄谷早禾、六月白、黄菩蕾禾、红桃仙禾、大早禾、女儿红禾、住马香禾；晚稻有 8 个品种，包括住马香禾、八月白禾、土雷禾、紫眼禾、大黄禾、蜜谷乌禾、矮赤秔禾、稻禾。[27]这 18 种稻谷中，稻禾和住马香禾是重复的，看来可同时作为早稻和晚稻。

《禾谱》内的“赤米占禾”，应是从占城引进的早熟稻。何炳棣非常重视占城稻对促进华南地区“双季稻”发展的影响。所谓“双季稻”，即在同一块田地上收获两次稻米。要做到这点并不容易，稻米对日照、温度和水量都很有要求，而这三个因素在全年的分布是不一样的，基本上来说，4—10 月是耕种稻米的最佳时间，因此利用这 7 个月种植两季稻米，绝对是对农田使用的大挑战。何炳棣指出，古代中国的稻米的成熟期(从把发芽的种子撒到田里直至收成)大概需要 150 天，不过宋真宗在位期间(997—1022)，福建人从中南半岛东南部的占城国引入了一种早熟而且耐旱的水稻，将成熟期缩短至 60～100 天，从而保证了双季稻的成功，并且引发了一次中国农业革命。[28]

南宋(1127—1276)建都杭州，将杭州升为临安府。王朝首都从黄河流域迁移到长江流域，朝廷对稻米生产更加重视。《耕织图》这幅画册的出现，显示出南宋君主和士大夫已经把稻作看成与丝织同样重要的事情。宋高宗绍兴年间，临安府於潜县(今属浙江杭州)县令楼璹(1090—1162)绘制了《耕织图》，列举了水稻和丝绸的各个生产环节。楼璹《耕织图》的原图已佚，明天顺六年(1462)江西按察佥事宋宗鲁根据楼璹《耕织图》的残本，重加考订，重编了《耕织图》，但此书也佚。不过，日本人狩野永纳在1676年找到此书，并进行翻刻。[29]故今之学者，均以狩野永纳本《耕织图》作为楼璹本《耕织图》之代表。

翻阅狩野永纳本《耕织图》，可以轻易发现长江流域稻米种植的三个重要发展。首先是种植过程中出现了“拔秧”和“插秧”的工作，其次是在灌溉中使用了“翻车”(即龙骨水车)这种大型机械，最后是利用了耕牛去开垦和平整田地。这三个发展，不一定在南宋时期开始，却因为稻米需求的扩大而得到进一步的推广。

插秧，亦称“移秧”，是中国南方稻作的主要技术。“移秧”，顾名思义，就是移植秧苗。农民先划出一片土地让稻种发芽，等稻苗高到五六寸时，便将之移植到大田里，一直到收割。这种另辟一块小田种植秧苗的方法，大大改进了长江流域的稻米生产。

另一个改善稻作的因素，是大型农具的发展。稻作涉及多种农具，如翻松泥土的犁和耙、平整土地的田荡、插秧时装载秧苗的秧盘、收割用的镰刀等。在《耕织图》中，有两件农具可用以排水或解决地势高于溪河的稻田供水问题。第一件农具是比较简单的戽斗。这种提水工具上宽下尖，外形似斗，用竹篾、藤条等编成，也可以木桶代替。需要提水时，在戽斗两侧各系长绳，两人拉着绳，协调地将木桶左右摆荡。在摆荡的过程中，由于工具是斗形，不用太费劲便可将戽斗翻转，水便落到稻田里去。[30]戽斗是比较小型的农具，要说大型的供水农具，最受注目的是“翻车”。“翻车”又名龙骨水车，它的主体是一个木制的长槽，槽中架一块和槽的宽度相等的行道板。在槽的上端，也就是行道板的上端，装一个大轮轴；在槽的下端，也就是行道板的下端，装一个小轮轴。一条由若干个龙骨板叶连接而成的长链环，绕在行道板的上下两面。龙骨板叶的长链环在槽的上端绕过大轮轴，在槽的下端绕过小轮轴。大轮轴安装在岸上，小轮轴浸没在水中。大轮轴上有拐木，一人或数人踏着拐木，转动大轮轴的时候，便可带动板叶，把低处的水沿着行道板带到高处，从而送到稻田里去。[31]

第三个发展，便是大量使用耕牛。《耕织图》的“耕”的部分，描画了水稻耕种的 21 个生产环节，包括浸种、耕、耙耨、耖、碌碡、布秧、淤荫、拔秧、插秧、一耘、二耘、三耘、灌溉、收刈、登场、持穗、簸扬、砻、舂碓、筛、入仓。每个环节是一张图，配一首诗。在这 21 张图中，有 4 张是画了耕牛的，牛对水稻耕种的重要性可见一斑。

虽然《耕织图》把水稻和耕牛紧密联系起来，但那比较符合江西的稻米种植情况。在下一节，我们将可以看到，同在长江流域，下游的江南的稻米种植便与中游的江西很不一样。

三、耕牛或铁搭——江南稻作的选择

楼璹《耕织图》展示了南宋三项先进的稻米种植技术——移秧、机械、耕牛。这些新技术，也在元代农学家王祯（1271—1368）所编辑的《农书》（世称《王祯农书》）中得到确认。王祯的自序写于“皇庆癸丑”，那是公元1313年，所以此书大约就是那一年完成的。全书包括三个组成部分，分别是通论农桑要点的《农桑通诀》，介绍农业机械的《农器图谱》，以及详细列举各种农作物种植方法的《百谷谱》。历史学家王毓瑚怀疑王祯在1313年初刊此书的时候，只有《农桑通诀》和《农器图谱》两部分，后来才续作《百谷谱》。[32]

王祯与《齐民要术》的作者贾思勰一样，都是山东人（王祯是山东东平人）。不过，王祯曾长期在安徽宣州旌德县和江西信州永丰县当县尹，这使他相当了解南方的稻米种植。[33]正因如此，虽然《百谷谱》仍以小米作为首要论述对象，但也有不少是关于长江流域的稻作的情况。例如，王祯注意到长江流域的农民会进行“移秧”，他们先划出一片土地让稻种发芽，到稻苗高到五六寸时，才将之移植到大田里。[34]另外，王祯也注意到福建地方流行种植一种来自占城的稻米，称“旱占”，米粒大，味道也甘，最重要的是它可在干旱山区进行种植。可见王祯只是把占城稻作为旱稻看待，还不知道它是早熟稻。[35]

王祯很重视耕牛，但也指出其成本较高，不是一般农民所能负担得起的。有些农民每年租赁耕牛，不过其所需费用，已超过收获的半数，结果是穷者愈穷。王祯批评牛贵，是因为繁殖不旺，人们对耕牛不好，壮健时鞭打，老弱时宰杀，还图它皮肉的利益。所以他提出厚待耕牛，丰富牧草、洁净圈栏，那么牛就没有不孳息繁盛的，不因疫疠而死亡，耕种也不至失时，就足以带来丰收。[36]

《王祯农书》有一节“养牛类”，是教农民如何善待耕牛的，其中提出：“假若农民的对待牛，看待牛的饥渴，像自己的饥渴；看待牛的困苦瘦瘠，像自己的困苦瘦瘠；看待牛的病疫，像自己的疾病；看待牛的怀犊产子，像自己有小孩一样。如果能够这样，那末牛必然繁殖旺盛，还愁什么田亩荒芜，衣食不济呢？”[37]

没有耕牛的农民是如何进行稻田耕作的呢？《王祯农书》特别提到他在江南见到一种被称作“铁搭”的工具，便是那些没有耕牛的稻农赖以翻土的工具。他说：

> 铁搭四齿或六齿，其齿锐而微钩，似杷非杷，斸土如搭，是名“铁搭”。就带圆銎，以受直柄。柄长四尺。南方农家或乏牛犁，举此斸地，以代耕垦，取其疏利；仍就鍋链块壤，兼有耙镢之效。尝见数家为朋，工力相助，日可斸地数亩。江南地少

土润，多有此等人力，犹北方山田钁户也。[38]

《王祯农书》在明代重刻的时候，在这段文字之后，更附上了铁搭的插图。

这揭示了若以耕牛作为标准，长江流域存在两种不同的水稻耕种方式：一种是《耕织图》所提倡的以牛拉犁进行翻土；另一种却不用牛和犁，改以铁搭完成同样的工序。当我们以为江南这个肥沃之地理应使用耕牛时，王祯却告诉我们那里的农民竟然是多用铁搭，少用耕牛。他解释说这是因为江南地少，有多余的人力，因此那里的农民宁愿不用耕牛。王祯的观察揭示了一个道理，就是农民在引进农业技术的时候，考虑了成本。

明代科学家宋应星[39]在他撰写的《天工开物》里，继续了对使用耕牛的讨论。宋应星生活在明末的江西，在这个时代的长江中游，耕牛已经非常普及，不过这位古代的科学家对江南的铁搭却颇为欣赏。他的《天工开物》

首先指出，犁田和耙田都是很费劲的工作，若农民养有牛只，工作便舒服多了。并且他还分析，水牛力气比黄牛大一倍，但养水牛在冬天要有牛棚来防寒，在夏天要有池塘供浸浴，畜养花费的心思也比黄牛多一倍。[40]

不过，宋应星并不认为耕种水稻必须要有耕牛，他认为贫苦的农户计算了买牛和饲料费用，以及被偷盗和病死等意外损失，倒不如用人力。正如犁田，只要在犁上绑个横杠，两个人用肩和手拉着犁地，干一天可以顶三头牛力云云。他又举江南的苏州作为例子，说该地的农民用铁搭代替犁而不靠牛力，回报也差不多：比如，有牛的农民能耕种 10 亩，没有牛而勤奋地使用铁搭的农民耕种 5 亩，既然没有牛，秋收以后田里也就没有种饲料和放收的麻烦，那么豆、麦和蔬菜等作物都可以种植，这样用第二次收获来补偿丢荒的那 5 亩，似乎也相差不大。[41]

宋应星是明代伟大的科学家，但他的伟大之处不只是介绍新技术，还考虑到了应用技术的成本问题。江南稻农多不用耕牛，原因可能就是王祯所说的地少人多，当农田被分成小块，使用耕牛，便未必划算。

因为江南农业的独特性，这个地方的士大夫们一直在努力编写自己地域的农书。《天工开物》于崇祯十年(1637)写成，有关稻米种植的技术，已经写得非常详尽，不过对于长江下游对农学有兴趣的士大夫来说，这本来自长江中游的作品似乎并不能完全代表他们所在地域的稻作文化。

在《天工开物》出版的同时，在浙江一带，已经有一些关于本地稻米种植的抄本流传。其中一部，是来自浙江湖州涟川一位姓沈的文人所写的农书，作者名字不详，故世称《沈氏农书》。据研究农书的学者陈恒力的考证，《沈氏农书》大约成于崇祯之末，崇祯最后一年为崇祯十七年(1644)，而其所根据的事实大约在崇祯十三年(1640)以前。陈恒力指出，沈氏一族为湖州大姓，是当地的大地主。[42]

与《天工开物》不同，《沈氏农书》是以位处长江下游的浙江为本位的农书。事实上，《沈氏农书》面世后，很受江浙士大夫的重视，其中一位是世称杨园先生的张履祥(1611—1674)。张履祥，浙江嘉兴府桐乡县人。据他的自述，他幼时不曾亲身参与耕作实践，到年纪大了，筋骨不灵活，劳动时力不从心，只能雇工代为耕作。由于自己种植稻米的技术太粗糙，谈不上讲求精耕细作，后来得到《沈氏农书》，大为赞赏，奉为种植稻米的最高原则，要与家人共同研习云云。[43]

顺治十五年(1658)，张履祥把《沈氏农书》抄录出来，亲自作跋。他又结合桐乡县农业的实际情形，写出《补农书》，以补充《沈氏农书》所未备。不过张履祥的《补农书》并没有对《沈氏农书》内的稻米种植技术做出修订，而是补充了蚕桑种植的技巧。[44]张履祥在康熙十三年(1674)卒，但一直在嘉兴府极有名气。乾隆年间，嘉兴府举人朱坤(1713—1772)编辑《杨园全集》，把《沈氏农书》与张履祥的《补农书》合为一本，分上下两卷，统称为《补农书》。因此，《沈氏农书》，也就是《补农书》的上卷。

根据这些农书，江南稻作普遍使用铁搭(而非耕牛加犁)去平整土地。《沈氏农书》提到正月“垦田”，没提过牛和犁；而在《补农书》下卷中，张履祥也直接指出：“吾乡田不宜牛耕。”陈恒力的注释是：浙西一带，把用牛拉犁翻土叫“耕”，以人力使用铁耙翻土叫“垦”。他进一步解释道，畜耕在我国虽已有两千年的历史了，但在浙西地区，明末以后尚少使用。[45]

四、小结

自远古时代开始，长江流域一直是稻米的主要产地。在距今六七千年的时候，长江下游的太湖流域先后发展出了马家浜文化和崧泽文化，此时的稻作已相当普遍，到距今四五千年的良渚文化时期，该地的稻作农业已经发展至新石器时代的顶峰。[46]良渚遗址位于杭州市余杭区良渚街道、瓶窑镇境内，总面积约42平方千米。遗址区内分布着以莫角山遗址为核心的约135处良渚文化遗址点，包括古城、墓葬、祭坛、村落、防御工程、礼制性建筑基址、水利设施、制玉作坊等类型。它们分布密集、规模宏大，彰显了良渚文化的高度发达。[47]

太湖流域的原始稻作，大约是在良渚文化时期开始进入成熟发展阶段的。其在考古学上的标志之一，就是出现了种类较多的成套农具，如石犁、“斜柄破土器”、木耜、可用来割穗的半月形石刀和石镰等。更重要的是，考古学家还发现了大面积的水稻田遗迹。在布局上，地势较高的居住区和地势较低的农耕区之间，出现了一条河沟，这条河沟具有防洪排水、提供生活用水、灌溉南部稻田等多重功能，同时也成了生活区和农耕区的分界线。在农耕区中又发现了多条小河沟和田埂，纵横交错，围构出大块的稻田，田块多呈长条形，面积通常在 1000 平方米左右，最大者近 2000 平方米，田埂宽度为 0.6～1.2 米，以红烧土、细砂、碎小陶片等铺面。这种稻田形态，体现了新石器时代晚期成熟的稻作生产技术。[48]

到了北宋，朝廷对稻米的需求更大，刺激了长江流域稻米的进一步生产。农民发展出多种早熟稻，不过最有名的还是自占城国引进的早熟稻。到了南宋，首都直接建于杭州，这使地处长江中游的江西，进一步成为稻米种植和出口的重要地区，种种有利于稻米收成的发展，如移秧、大型农具和耕牛在江西的农田里都随处可见。

虽然同处长江流域，长江中游和下游的稻作技术却不尽相同。李伯重认为铁搭（连同耘荡、田荡、平板、耘爪、薅马等）是宋末到明初江南稻作技术的重要发展。他指出，在尚处于“干田化”的初期阶段时，使用铁搭进行深耕，无疑对江南平原地区的农田改良起了很大的作用。“深耕可以加厚土壤的耕作层，有利于作物根系伸延发展；可以使土壤容纳更多的肥料；可以使土壤疏松多孔，提高土壤的蓄水、保肥和抗旱能力。由于江南平原低田地带农田一般粘重过湿，深耕对于改善土壤性质更具有重大意义。”[49]李伯重说出了深耕对江南稻作发展的重要性，却没有解释为什么江南人不使用耕牛去做深耕。

长江中下游稻作的明显分别是中游多用耕牛，而下游则普遍使用铁搭。这种差异，很有可能来自江南人对耕种成本的考虑。江南土地虽然肥沃，但农田面积较小，因此不大值得花钱引进耕牛。除了省掉养牛的费用，铁搭最大的优点，是农民可以在不规则的小农田上进行局部翻土，这是牛拉着大犁或大耙所不易做到的。

铁搭的使用，代表着江南小规模的和精耕细作的耕作方式。这样的话，我们若要考究明清中国农业的现代化过程，重点可能不只着眼于江南，还要关注江西，以及同处长江中游的湖南、湖北等省。

在这一部分，我们只看了稻米的生产；在下一部分，我们将从稻米的需求出发，讨论米粮市场的本质。

注　释

① 参见黄绍荣编写：《饲养耕牛基本知识》，4页，广州，广东人民出版社，1963。

② 参见谢成侠编著：《中国养牛羊史》，44页，北京，农业出版社，1985。

③ 关于这方面，可参见 Hannah Velten, *Cow*, London, Reaktion Books, 2007.

④ 参见袁珂校注：《山海经校注》卷十八《海内经》，469页，上海，上海古籍出版社，1980。

⑤ 参见谢成侠编著：《中国养牛羊史》，44页，北京，农业出版社，1985。元代农学家王祯以此认为，用牛耕地始于春秋时期。参见王祯著，王毓瑚校：《王祯农书》，203页，北京，农业出版社，1981。

⑥ 参见班固：《汉书》卷二十四上《食货志第四上》，1138～1139页，北京，中华书局，1962；柯美成主编：《理财通鉴——历代食货志全译》(上)，55页，北京，中国财政经济出版社，2007；华觉明、冯立昇主编：《中国三十大发明》，6～7页，香港，中华教育，2020。

⑦ 参见谢成侠编著：《中国养牛羊史》，46页，北京，农业出版社，1985。

⑧ 参见陈寿：《三国志》卷一《魏书・武帝纪第一》，22～23页，北京，中华书局，1971。

⑨ 参见黄绍荣编写:《饲养耕牛基本知识》,7 页,广州,广东人民出版社,1963。

⑩ 一说是 200 斛。参见柯美成主编:《理财通鉴——历代食货志全译》(上),94 页,北京,中国财政经济出版社,2007。

⑪ 参见房玄龄等:《晋书》卷二十六《食货志》,787～788 页,北京,中华书局,1974。文中没说明 300 斛的债务是什么谷物,笔者猜既然该两处地区生产稻谷,这 300 斛应该也是稻谷。

⑫ 参见管义达译注:《齐民要术今译》,1 页,济南,2000。

⑬ 陶朱公,亦即春秋时期的政治家范蠡(前 536—前 448),经商致富,后被人视为财神。

⑭ 参见管义达译注:《齐民要术今译》,229～230 页,济南,2000。

⑮ 参见吕不韦著,陈奇猷校释:《吕氏春秋新校释》下册卷第十九,1320 页,上海,上海古籍出版社,2002。

⑯ 参见管义达译注:《齐民要术今译》,252～253 页,济南,2000。

⑰ 参见管义达译注:《齐民要术今译》,25～66 页,济南,2000。

⑱ 参见华觉明、冯立昇主编:《中国三十大发明》,3 页,香港,中华教育,2020。

⑲ 参见秦韫培编:《种小米》,7 页,上海,中华书局,1950。

⑳ 参见贾思勰著,广西农学院法家著作注释组注:《〈齐民要术〉选注》,59～64 页,南宁,广西人民出版社,1977;刘金同译著:《〈齐民要术〉白话文》,7～10 页,北京,中国农业科学技术出版社,2017。

㉑ 贾思勰著,广西农学院法家著作注释组注:《〈齐民要术〉选注》,62 页,南宁,广西人民出版社,1977。

㉒ 参见贾思勰著,广西农学院法家著作注释组注:《〈齐民要术〉选注》,60 页,南宁,广西人民出版社,1977。

㉓ 参见管义达译注:《齐民要术今译》,88～95 页,济南,2000。

㉔ 参见安志敏:《中国的史前农业》,载《考古学报》,1988(4),372～373 页。20 世纪 20 年代,美国农业学家卜凯受聘于南京的金陵大学

农学院农业经济系。1928 年，他带领了 50 名学生，在中国 22 省选定了 168 个地区进行农业调查，历时 9 年。根据收集的庞大数据，卜凯归纳出中国的农业地理，大抵以淮河（约北纬 32 度）为界，北面是小麦、小米、高粱地带，而南面的主要农作物是水稻。参见卜凯：《中国土地利用》，黄席群译，28 页，台北市，台湾学生书局，1971。

㉕ 参见虞文霞：《唐代江西农业经济发展刍议》，载《农业考古》，2004(1)，66 页。

㉖ 参见曹树基：《〈禾谱〉校释》，载《中国农史》，1985(3)，74 页。

㉗ 参见曹树基：《〈禾谱〉校释》，载《中国农史》，1985(3)，79、82 页。

㉘ 参见何炳棣：《明初以降人口及其相关问题(1368—1953)》，葛剑雄译，200～206 页，北京，生活·读书·新知三联书店，2000。

㉙ 参见楼璹原作，狩野永纳摹写：《耕织图》，1676 年，早稻田大学图书馆藏。

㉚ 参见章楷编著：《中国古代农机具》，56 页，北京，人民出版社，1985。

㉛ 参见章楷编著：《中国古代农机具》，57～59 页，北京，人民出版社，1985。

㉜ 参见王祯著，王毓瑚校：《王祯农书》，“校者说明”，2 页，北京，农业出版社，1981。

㉝ 《王祯农书》是在江西刊刻的，那时王祯正在江西永丰当县尹。

㉞ 参见王祯著，王毓瑚校：《王祯农书》，81 页，北京，农业出版社，1981。

㉟ 参见王祯著，王毓瑚校：《王祯农书》，82 页，北京，农业出版社，1981。

㊱ 参见王祯著，王毓瑚校：《王祯农书》，203～204 页，北京，农业出版社，1981。这里采用缪启愉和缪桂龙的翻译，参见王祯撰，缪启愉、缪桂龙译注：《农书译注》(下)，432～433 页，济南，齐鲁书社，2009。

㊲ 王祯撰，缪启愉、缪桂龙译注：《农书译注》(上)，123页，济南，齐鲁书社，2009。

㊳ 王祯著，王毓瑚校：《王祯农书》，221页，北京，农业出版社，1981。

㊴ 宋应星是江西人，他在万历十五年(1587)出生于江西奉新县，28岁中举，但一直考不上进士，到了47岁，当了江西省袁州府分宜县学教谕。这时已是崇祯七年(1634)，三年后，亦即崇祯十年(1637)，他写成《天工开物》，并且亲自作序。在序言中他以这句话收结：在这里我要请那些热衷于科举大事业的文人们，把此书从书桌扔到另一边吧！这部书与考取功名、追求高官厚禄是毫不相关的。参见宋应星著，钟广言注释：《天工开物》，4～6页，香港，中华书局香港分局，1978。

㊵ 参见宋应星著，钟广言注释：《天工开物》，20～22页，香港，中华书局香港分局，1978。据现代数据，一头水牛每天能犁田2～3亩，一头黄牛每天能犁田1.5～2.5亩。另外，牛的汗腺不发达，散热机能较差，因此牛不是很耐热，夏天应注意防暑，尤以水牛更为突出，散热的方式除呼吸以外，主要依靠浸水。参见黄绍荣编写：《饲养耕牛基本知识》，4页，广州，广东人民出版社，1963。

㊶ 参见宋应星著，钟广言注释：《天工开物》，20～22页，香港，中华书局香港分局，1978。

㊷ 参见张履祥辑补，陈恒力校释，王达参校、增订：《补农书校释》(增订本)，1～3页，北京，农业出版社，1983。

㊸ 参见张履祥辑补，陈恒力校释，王达参校、增订：《补农书校释》(增订本)，97～98页，北京，农业出版社，1983。

㊹ 参见张履祥辑补，陈恒力校释，王达参校、增订：《补农书校释》(增订本)，103页，“校者按”，北京，农业出版社，1983。

㊺ 参见张履祥辑补，陈恒力校释，王达参校、增订：《补农书校释》(增订本)，11、101页，北京，农业出版社，1983。

㊻ 参见俞为洁：《良渚人的衣食》，8页，杭州，杭州出版社，2013。

㊼ 参见徐立毅:《良渚全书序》,见俞为洁:《良渚人的衣食》,杭州,杭州出版社,2013。

㊽ 参见俞为洁:《良渚人的衣食》,14、22 页,杭州,杭州出版社,2013。

㊾ 李伯重:《多视角看江南经济史(1250—1850)》,56~57 页,北京,生活·读书·新知三联书店,2003。

清初华南稻米贸易的缘起

华南地区，尤其是珠江三角洲一带，气温高、地势卑湿，是水稻的理想生长环境。早在1917年，考古学家在罗浮山麓至石龙平原一带就发现了野生稻，其后在广州市东郊犀牛尾村，在珠江三角洲的番禺、增城、从化、三水、清远及开平等县都有类似发现。[①]

最迟在公元1世纪，佛山附近已经出现水稻种植。1961年在广东省佛山市郊区澜石公社深村发现的东汉古墓中，有陶制水田。田面被田塍分格为六块，另有两具"V"形的犁铧模型及六个半球形的凸包，象征禾堆或肥堆。田里共有六个农夫俑，分别作磨镰、割禾、脱粒、犁耕等不同姿态。不过，这个时代的稻作，还停留在"火耕水耨"的方式上，即先烧死禾田杂草，然后放水入田，播种后，当杂草和禾苗并长时，再深灌田水，抑制杂草生长，让稻谷成为水田的唯一作物。[②]

南宋以后，如江南一样，珠三角的水稻种植出现突飞猛进的发展。不少地方在近江地区建成堤坝，增加农田的面积，如南海的桑园围和罗格围、东莞的东江堤、鹤山的泰和围等。这些新开辟的水田，还普遍利用水车进行灌溉。[③]广东农业生产增加，使朝廷可以增加在该省的驻军。明洪武十四年(1381)，政府在东莞设置南海卫，同时建大宝仓，每年收东莞县一带的稻谷不下数万石，作为支持军队的粮食。广州府稻谷收获也很丰盛，宣德二年(1427)和七年(1432)，该地生产的稻米被运输至交州、雷州半岛和海南岛，接济驻守当地的军队。[④]

当我们回顾过去两千年华南稻作的历史时，必会注意到由于人类的努力，稻作技术不断提升，产量持续增加，却也常常忽略在稻谷之外还有很多被称为杂粮的食物。本部分将指出，在市场经济下，“主粮”和“杂粮”的食用，只是出于口味的选择和能力的负担而已。口味和能力，是稻米市场出现的主因。

一、岭南人的杂粮

当岭南地区的农民逐渐扩大稻米种植面积的时候，他们还种植其他很多粮食。1 世纪东汉杨孚的《异物志》、4 世纪前晋的《南方草木状》，以及 10 世纪后北宋的《清异录》，都记载这个地区的人们，在山上种植了若干种可以作为食物的根茎类农作物，其中很多被统称为“薯”和“芋”。[⑤] 17 世纪晚明屈大均（1630—1696）的《广东新语》，记载广东的薯类和芋类各有 14 种。[⑥] 在岭南地区，若稻米是主粮的话，薯芋之类就是杂粮。

其实到了屈大均的时代，广东传统的杂粮，正被新来的番薯取代。“番薯”是广东人的称呼，表明这种植物来自外国。它是一种蔓生性的草本植物，生长在热带地区，四季常绿，能开花结实，为多年生植物，没有严格的成熟期，若是条件适宜，生长期愈长，植株便长得愈大，薯块产量也愈高。番薯对土壤的适应性亦强，无论是酸性土或碱性土、沙质土或黏质土、低洼地或山坡地，在多种类型的土壤中都能收获一定产量。[7]

番薯的种植在晚稻收成之后，农民先将收割后的稻田进行翻土，亦即将原来较平整，且仍有稻根部的田地用犁翻开。翻土之后，再将大块泥土用耙子碎破，便可以开始种植番薯了。[8]

番薯的种植方法很简单，先取番薯的茎，切成长约30厘米的苗，埋在泥土中便可。栽种不久就能长出许多茎叶。土面生长茎叶的同时，地面下根部也同时在生长番薯。经过四五个月的成长过程，番薯就可收成。[9]

番薯植株分为根、茎、叶、花、果实、种子等部分，我们主要是把它的块根当粮食吃。番薯与中国传统的薯芋最大的分别，就是除了含有大量的淀粉，还有两个特点：一是产量高，价钱便宜；二是含高量的糖分，吃起来很甜（所以也被称为“甘薯”），因此容易填饱肚子。这些特质加起来，使之很快成为穷人家餐桌上的粮食。

番薯唯一的缺点是不好贮藏，所以收成番薯后，农民会赶快进行加工或贮藏，以免腐烂、损坏。加工的方法就是把挖掘出来的新鲜块根用清水洗干净，再用番薯手摇切片机切成薄片，或用手摇刨丝机刨成细丝，经过充分晒干，就可贮藏。[10]农家储藏番薯片或番薯丝的仓库，通常都设在一般闲置不用的房间，要能通风，否则很容易发酵变坏。仓库的底部最好先垫上木板，不要让番薯直接与泥土接触，以防已晒干的番薯吸收泥土里的水汽后变坏。[11]

农村人一般是将储存的番薯干蒸熟来吃，有的种植稻谷的人家将番薯混入米饭，煮成番薯饭。至于混入多少番薯，则看他们的富裕程度。简单来说就是，愈穷的人，吃的番薯愈多，吃的大米愈少。番薯饭只是较纯粹吃番薯高级一点而已，混入了番薯干的米饭，口感比较干涩，饭色也变得褐黑，让人很难提高食欲。[12]

番薯受欢迎之处，不仅是其根部可以食用，叶子也可当作蔬菜食用，还可作为猪和牛的饲料。[13]另外，田鼠也是种植番薯的附带食物。由于田鼠也爱挖番薯来吃，农民会将竹木制的捕鼠器置放在番薯田内。这些田鼠被捕获后，很多都被人当作食物吃掉。[14]老广东人到现在还说，这些田鼠与家鼠不一样，它们吃的是田中的农作物，肠胃比较健康，因此可以食用。

中国记载番薯的引进历史及其栽培法等的专题文献，据梁家勉和戚经文的考证，以金学曾的《海外新传七则》[15]为最早，徐光启的《甘薯疏》、李渭的《种植红薯法》、陈世元的《金薯传习录》和陆耀的《甘薯录》等书踵其后。查所记载，除陆耀一书误以为番薯是中国古代原产外，其余均相信它是由菲律宾古国中的吕宋国传入福建省的，然后在万历二十一年(1593)，由经手引种者陈振龙之子陈经纶呈报当时的福建巡抚金学曾。一年后，金氏著《海外新传七则》力为推广，教民树艺，闽人德之，因亦称为“金薯”。[16]（陈经纶和金学曾的故事，下一部分有继续。）

不过梁家勉和戚经文根据文集、方志和族谱等资料，认为番薯在明朝传入中国，传入地除福建外，还有广东，而且很有可能传入广东较传入福建时间更早。他们整理出两个传入的途径：

第一个途径是陈益从安南(今越南)传入广东东莞县。万历八年(1580)，广东东莞县人陈益跟着一位客人乘船到安南。登上岸后，当地的“酋长”招待他们住入宾馆，而在每一次招待的宴席上，都进以当地的土产——甘薯。陈益觉得甘薯美味可口，很想取得此种，但“酋长”却禁止出口。最后，陈益买通了“酋长”的奴仆，才得以将其带回中国。回到东莞后，陈益认为这种来之不易的甘薯非等闲之物，便小心翼翼地栽种繁殖，因念它来自国外，就给它起了个“番薯”的名字。[17]

第二个途径是林怀兰从交趾(今越南北部)经陆路传入广东电白县。据说林怀兰是大夫，某一年，林怀兰在交趾给一位守关的将官医好了病。这位将官见林医术高明，便将他推荐给国王，为公主治病。在林怀兰的医治下，公主的病好了。一天，国王赐宴，请林怀兰吃番薯。林觉得它的味道甘美可口，遂偷偷地把半根生番薯藏起来。但在回中国的途中，番薯被守关将官发现，由于国王严格禁止出口番薯，林的罪名不小。幸好将官为报答林的救命之恩，不惜犯禁，让林怀兰带着番薯离开。这种番薯很快在广东种植开来。后人为了纪念林怀兰，在霞洞乡建了林公祠，并以这位守关将官配祀。[18]

虽然关于番薯如何传入中国有种种传说，求同存异，我们可以得出的结论是：番薯这种美洲作物，是在明朝中叶经东南亚传入广东和福建地区的。这两个南方省份天气炎热，十分适合番薯生长。番薯原产热带，是喜温作物，它的整个生长过程都要求有较高的温度，不同生长期对温度的要求和反应各有不同。薯苗插植后，土温在15℃以上才能缓慢发芽。土温在20℃时，三天即可发芽。当温度在20℃到30℃这个范围内时，发芽速度明显加快，根数增多。它的茎叶生长对高温也有类似的要求。气温在18℃以上茎叶生长迅速，分枝增多，18℃以下生长缓慢，15℃基本停止生长。气温较长时间处于10℃以下或低于6℃，茎叶会自然枯死，在2℃时则受冻害枯死。茎叶生长的适宜温度为18～30℃，温度高达35～38℃时对茎叶生长不利。离地面3～5寸深处土温的状况与植株结薯的关系最为密切。土温在22～29℃范围内，温度愈高，块根形成愈快，结薯也较多。薯块膨大期土温适宜范围是18～30℃，但以22～24℃更适宜。[19]

番薯亩产高，这一新农作物的引进，为华南地区的粮食供应带来了巨大的转变。例如，万历年间以后，无论福建或者广东，均少有出现因稻米歉收而产生的严重饥荒问题。

但是在歌颂亩产的同时，我们不能忽略消费者对食物的选择。从一开始，番薯已被广东人视为低下的杂粮或粗粮，是富裕人家所抗拒的粮食。虽然食物的喜好是一个复杂的课题，学者仍然能归纳出几个原因。首先，食用番薯会使肠胃产生大量气体，令人出现尴尬的局面；其次，番薯含有大量的糖分，使进食者易饱，失去享受其他食物的欲望；最后是心理问题，也是最重要的问题——正正因为番薯亩产高，人们多将它与贫穷生活联系起来。[20]番薯与贫穷的联系，使这种食物已经被公认为有失体面的食物，因此对于那些没有经历过贫穷日子的人们来说，无论番薯的味道如何，也不大愿意作日常食用，而对曾经贫穷的人来说，吃番薯容易令他们回忆起不想记起的艰苦岁月。中国人喜欢说“吃好的”，但所谓“吃好的”，并不单单是指食物的味道和营养，也包含了该食物所体现的社会地位。

相对于番薯，广东人觉得有体面的主粮还是稻米。问题是，广东本地出产的稻米是否足够供应本地人对食物的需求？

二、进口暹罗米的成本问题

当清朝于 1644 年建立全国性政权时，广州已经成为华南地区首屈一指的大城市。广州人对稻米的需求极大，邻近的广西省很快成为满足这种需求的腹地。广西省有三条水路可以运输粮食到广州，分别是桂江、浔江和柳江，而这“三江”先以梧州作为总汇。在梧州，向北的河流是桂江，可达广西省的省城桂林；向西的是浔江，沿着浔江西到浔州，便可沿柳江到达柳州。梧州的另一地理优势，是它可以通过西江与广州连接起来。于是，广西每年出口至广东的稻米，便是沿着桂江、浔江和柳江，先汇集于梧州，再沿西江入广东省。清初的广东广西，由此而形成了一个颇大的米粮贸易网络，正如陈春声所指出，当时在广西的“三江”沿岸有许多集市，如苍梧县的戎墟、平南县的大乌墟、桂平县的永和墟等，都成了西米东运的初级集散地。从这些集市收购得来的稻米，先运到梧州，再沿西江输至广州。[21]

广州颇为依赖广西稻米的供应。虽然广东稻米种植也多，一年两造，位于西南部的高州、雷州、廉州三府更是省内主要的稻作区，但清初的广州仍然相当依赖来自西江米船的米谷供应。若是广东的稻米收成欠佳，进口广西稻米的数量更加飙升。例如，康熙五十一年(1712)十一月，广东歉收，省内米价立即升为一两三钱至一两四钱(每石)不等，随即引致广东米商云集广西境内抢购稻谷回广东贩卖，结果是广西稻米也顿时昂贵起来。[22]

按地理来说，广州除了依赖广西，也可从东南亚地区输入稻米。例如，暹罗在清初已经是盛产稻米的国家，而帆船也可以把两个国家连接起来。如果风向适宜的话，暹罗和中国之间的航行时间仅需要15天，但如果逆风，则可能需要多达40天。[23]为了准确把握季风的风向，一般来说，从暹罗开出的帆船在春、夏季时来到中国，而在秋、冬季时离开中国返回暹罗。

中国与暹罗之间的贸易可以通过两方面进行。首先是有着千年历史的朝贡贸易。朝贡贸易是建立在宗主国和藩属国的关系下所进行的贸易活动，而暹罗正正就是清朝的众多藩属国之一。根据清朝的规矩，暹罗国王或是他的官员需要每隔三年来到中国，将暹罗的土产作为贡物，献给在北京的清朝皇帝。朝贡使团最多由三艘帆船组成，以广州作为口岸进入中国。按照规定，使团在广州上岸后，由清朝官员安排交通并派人陪同正使和主要随员连同贡品前往北京，一般水手则留在广州的贡船上。如果船队夹带着私人商品(必定有)，那便暂时存放在广州城外的仓库，直至礼部发出正式通知说皇帝已经接见使团，收下贡物，并同意给予恩惠，准许暹罗船员进行私人贸易，那时留在广州的船员便可取回存在仓库的私货，并在当地进行交易。由于这是来自皇帝的恩典，这些私货会被豁免进口关税。表面看来，清朝皇帝给予恩典，好让水手们通过小买卖赚取零用，帮补长途旅程的费用；实际上，整个朝贡贸易的规模是相当庞大的，前往北京的使节是大商人，向己国的统治者付了钱，便可以名正言顺地以官方的身份来中国进行贸易，那些留在广州的船员，部分是他的水手，也有部分是他招揽的小商人。

其次，在朝贡贸易之外，清政府也允许来自藩属国的商人来到中国进行贸易。至于港口，也要遵守朝贡贸易的规定。也就是说，来自暹罗的私商，也是在广州上岸。私商来去自由，表面看来，他们是朝贡贸易商人的强力竞争者，其实不然。朝贡贸易船的私货可以免税，那是私商无法享受的恩惠。

无论是贡船或者私人货船，暹罗米从来不是主要的商品。相比稻米，暹罗商人更有兴趣向中国输出苏木、硝石、锡矿石、铅矿石、木材等。这些商品显然可为他们带来更高的利润，既然如此，船舱若有空间，也不会预留给稻米。

由于中国东南沿海省份对米的需求日益增长，清初政府试图从暹罗进口米来改善该地区长期性的米粮短缺情况。康熙六十一年(1722)，皇帝便想以免税政策鼓励暹罗粮食进口。他在谕旨中说：

> 暹罗国人言其地米甚饶裕，价值亦贱，二三钱银，即可买稻米一石。朕谕以尔等米既甚多，可将米三十万石，分运至福建、广东、宁波等处贩卖。彼若果能运至，与地方甚有裨益。此三十万石米，系官运，不必收税。[24]

换句话说，康熙皇帝鼓励暹罗米进口的方式，是对这30万石的稻米免除进口税收。

结果是，这项针对稻米进口的税项优免政策，只是打破了暹罗商船只能停靠广州的规定，却并未能给华南地区的粮食供应带来实质性的影响。首先，它是一次性措施，而且上限是30万石；更重要的是，进口商船，还须缴纳其他两种税。第一是按货船大小征收的“梁头”。梁头税是相当重的，一艘100尺长的货船，便要缴纳1000两白银[25]。第二是货船上的其他如苏木等的商品税。亦即是说，暹罗商人要衡量的，是这项稻米进口免税优惠，是否值得他们减少装载苏木等贵重商品，以腾空船舱给暹罗大米。结果是否定的。

因此，在清朝初年，广东省对境外稻米的进口，主要还是依赖广西的供应。

三、西江船运

广东的农作一般是三造——两造是稻米，加一造杂粮。屈大均是明末清初珠江三角洲内极具盛名的学者，他在《广东新语》中指出，早季稻收于五、六月，而晚季稻则收于九、十月。两者的亩产和质量都是不同的。早季稻虽是早熟，但收成比晚季稻多出三分之一，不过其米粒较小，“炊之少饭不耐饱”，而且“性热”，长期食用对健康不大有利。相反，晚季稻则“性凉益人”，生长时间虽然较长，但对广东人来说是“嘉谷”。第三造是杂粮，尤其是番薯。在收割晚季稻后，如果不种植番薯的话，农民或会在原田种植小麦。小麦非粤人的日常粮食，只是用来做面条，或者做饼干、油饼、水晶包、卷蒸等点心。不过屈大均也强调，南方出产的小麦质量不及北方小麦。[26]

虽然大部分珠江三角洲的土地均年产两造稻米，但仍然相当依赖广西的供应，正如屈大均所言："东粤固多谷之地也，然不能不仰资于西粤。"[27] 雍正三年(1725)，广东因为天灾(包括肇庆和广州水患)而再度出现稻米歉收的情况。如前述康熙五十一年(1712)那次一样，省内的米价飙升，广东米商又再涌至广西，将广西出产的稻米沿着西江络绎运至广东，广西的米价也因此变得昂贵。雍正三年(1725)十一月，广西提督韩良辅在密折中向皇帝表示，如果情况延续，广西省的军粮供应将会面临紧张局面。他说："商差船只运载米谷出境者，络绎不绝。小民不知蓄积盖藏之道，见米谷得价，尽数出卖，以致米价日昂。窃恐明岁春夏之交，兵民必致乏食。"[28]

西江稻米贸易的繁荣，一直持续到雍正四年(1726)。沿河地区，愈是接近广东，米价愈是昂贵。以当年五月为例，位于桂江上游的桂林府的米价是每石九钱，柳江上游的柳州府也只是每石八钱四五分不等，但一到两省边界的梧州府便升到一两四钱。[29]虽然广西的米价被广东的歉收牵动着，但广西巡抚汪漋认为不能因此而要求米商低价出售他们的米谷，因为那只会导致他们宁愿把稻米囤藏起来，到时候省内米荒问题便更趋严重。[30]不过，我们不能因此便以为广西官员支持自由市场，据广东巡抚杨文乾的密折，当年十一月，广西官员便私下“封江禁贩”，限制米谷出境，导致已经稍稍回落的广州米价再度紧张起来，每石米价升至一两七八钱不等。[31]

在雍正朝的大部分时间里，西江上的长程稻米贸易都相当繁荣。在雍正八年(1730)，广西巡抚金鉷奏请将省内政府粮仓储存的三分之一(约四十五六万石)稻谷卖掉，以换取白银支付军饷。雍正皇帝问云南总督鄂尔泰的意见。鄂尔泰不同意金鉷的做法。第一，当时广西储存的米谷总数约 150 万石，碾成白米，只得 70 余万石，作为广西全省的米粮储备，并不为多；第二，若卖掉四十五六万石稻谷，以每石市价三钱计，最多也只得十四五万两收入，并不为多，不值得冒险；第三，广西巡抚筹划粮储的时候，不应只考虑本省的需求，还要准备随时接济邻省。鄂尔泰特别指出："即如广东一省，务末而贱农者多，故养食而贩卖者众，岁即丰收而乞籴于西省者，犹不下一二百万石。"[32]经此一奏，金鉷的奏请最终没有得到皇帝的批准。[33]

广东即使"丰收"，还要每年从广西输入100万～200万石的稻米，那是惊人的数字。即使鄂尔泰所表达的是稻谷，而按照清朝二谷一米的比例，当碾成可以直接放入锅中的白米之后，贸易量只余一半，亦即50万～100万石，这个年运额也是很高的。我们不知道这位云南总督的数据是如何得来的，很明显，他支持处于荒年的广东可以输入更多广西稻米。

四、人口压力论的陷阱

18 世纪西江船运的景象是令人瞩目的，究竟米粮贸易繁荣背后的意义是什么？

陈春声为两广米粮贸易的繁荣，提供了一个广东人口压力的解释。这个解释是基于两组数字而做出的。第一组数字是广东人口的粮食需求，陈春声估计，18 世纪广东人口在 1500 万左右，而人均年度粮食消耗量是 4 石(以稻谷计算，下同)。也就是说，每年广东人口需要 6000 万石稻谷。第二组数字是粮食供应，他估计，18 世纪广东耕地面积在 4200 万亩至 4800 万亩之间，平均亩产是 4 石。也就是说，如果所有耕地都用来种稻，那每年全省稻谷产量当在 16800 万石至 19200 万石之间。由于广东人口每年只需要 6000 万石稻谷，那只要全省三分之一的耕地用来种稻便可解决粮食问题。不过，广东人用了很多耕地种植经济作物(龙眼、甘蔗、烟叶等)。于是，在人口压力之下，广东便需要从省外市场输入粮食。根据鄂尔泰和金鉷等清朝官员的奏折，广东每年从广西输入的米谷应有 200 万石，但陈春声认为那只是官员本于过关报税的数字而做出的报告，若考虑到漏税的部分，以及灾荒时的官方调运，18 世纪中后期广东每年来自广西的稻谷应经常可达到 300 万石之数。与当时广东每年 6000 万石的需求量相比，这个数字是可以接受的。[34]

云南总督的一二百万石，到历史学者的三百万石，都是估算，但西江上米粮贸易的繁盛是毋庸置疑的。至于西江的载运量也不是问题。当时的南北大运河上的漕粮运输量是 450 万石，也只用了 7000 多艘艚船。[35]广西东运至广东的 300 万石是稻谷，若碾成白米才付运，更只有 150 万石而已，而且运米是沿西江顺流而下，远较大运河的部分河段需要人工拉纤来得便利。

不过，当我们回顾稻作的历史，很容易出现一个错觉，就是以为人(尤其是中国南方的人)必须吃稻米为生。于是，历史学者便将稻米生产与人口的消长做挂钩式的研究——估算一地的因人口而来的稻米总消费量，扣除该地的稻米总生产量(也是估算得来的)，便自然得出了米粮贸易数字。问题是，在繁荣的18世纪，富裕的广东人为何不吃番薯？

稻米种植与人口增长没有必然关系，因为多出的人口不一定要吃稻米。就在鄂尔泰上奏的前一年，广东布政使王士俊曾向雍正皇帝报告，在广东地区，除稻谷之外，农民还种植大小二麦、小米、荞麦和“薯蓣”。王士俊所说的薯蓣，就是屈大均所说的薯芋杂粮。他进一步指出这些薯蓣“可以救饥”。[36]广东巡抚傅泰也附和说，尤其是番薯和芋头，是广东的穷民每天的粮食。[37]

我们习惯将18世纪的人口分为农业人口和非农业人口，其实也可以将他们分为贫穷户和富裕户，指标之一就是他们每天的餐桌上是稻米还是杂粮。富裕户是能吃得起稻米的，他们包括经商致富的人，也包括一些地主阶层；至于贫穷户，除了广大的农民阶层，还包括一些在城市帮佣的工人。富裕户的主粮是稻米，当本地生产不足时，便依靠进口米。暹罗米可能是很好的选择，但在蒸汽船还未发明之前，昂贵的运输费增加了销售的困难。这个时候，商人便利用西江将广西稻米输入广东，促成了西江船运的发达。

西江船运是蓬勃的，如果人口不是长程米粮贸易的关键，那么我们如何理解这蓬勃的米粮贸易？

五、价格和口感的考虑

其实西江的米粮贸易，并非每年都那么蓬勃。雍正八年(1730)鄂尔泰还在说广东即使在丰收的年份也还要从广西输入 100 万～200 万石稻谷，但到了雍正十年(1732)，西江米粮船运规模已经出现严重萎缩。至于西江船运规模萎缩的原因，便是广东稻米丰收。

稻米丰收，对于地方政府来说，一样是让人头疼的问题。雍正十年(1732)二、三月，广东晴少雨多，虽然正值插秧，但也有可能因为水灾而影响收成。署理广东巡抚杨永斌开始担心歉收，他在三月的时候已经询问了靠近省城的农民。虽然这些农民都说不用担心，雨水虽多，却容易消退，“不足为虑”，但杨巡抚还是做了保险措施，他从省库拨出 15000 两白银，派官员从市场上采买稻谷，收储在政府粮仓，以备一旦米贵，便可立即取出稻谷，进行减价粜卖。在这 15000 两中，5000 两从省内(特别是茂名、电白、阳江各县米谷便宜的地方)采买，10000 两去广西的米粮集散地梧州采买。[38]

到了该年的五月底，去梧州的广东政府官员虽已花了 4300 两，但还未买足，说是梧州米价，若加上运输费用，较本省米价还要昂贵。新任巡抚鄂尔达开始明白广东不是歉收，而是丰收！有趣的是，鄂尔达没有完全叫停米谷采买。他只是下令召回在广西采买米谷的官员，将他们花剩的5700两增拨给在省内采买的官员。这是一个戏剧性的转变：原本采买的目的是准备饥荒时减价出粜，以压低市场上的米价；后来的目的则是要提升米价，帮助本省农民挺过难关。[39]

在这广东稻米丰收的年头，鄂尔达向雍正皇帝递交了一份关于广东民食的奏折，他说：

> 粤地滨海环山，民稠土狭。省城、佛山、龙江各市镇，商贾云集，民间所产之谷，丰岁仅供本地民食，不能应省镇商贾之所需。若遇稍歉，则商民咸仰给於西省之谷。西省地广人稀，谷石有余，亦惟贩运东省可以销卖。此两省相需互为资借之势也，必西谷源源而来，庶东省不至缺乏。[40]

鄂尔达指出广东的确要依赖从广西输入稻米，但进口量方面则视乎广东是歉收还是丰收。在广东歉收的年份，固然依赖大量广西稻谷；但在丰收的年份，它基本上能做到农村自给自足，所差的只是住在城镇的商贾而已。

如果只是这样，则西谷东运的贸易量，借着估算全省稻米的总生产量、全省人口的稻米总消费量以及非农业人口的稻米总消费量便可以得知——在广东歉收的年份，为总生产量扣减总人口消费量；而在丰收的年份，则是单单计算非农业人口的消费量。这又回到了人口压力论上。

其实事实不尽如此，因为这个方程式忽略了消费者对价钱和口感的考虑。在同一份奏折中，鄂尔达补充说，即使在丰收的年份，广东的商贾也不一定食用广西稻米，原因是广东米较为好吃。他说：

第越疆行货，利在速售。地头价值，高低不

定。遇东省谷贵之时，西省贩客固可为利；若遇价贱，则东省商民又以西谷瘠薄，不如东谷肥满，未免舍彼取此，而西谷有难销之患。西客搬运远来，停泊河干，动经月日，既有耗折，复虑风涛，冀脱货求财而不可得，故每逢东省谷贱，则西客观望不前。西省之谷，乏人贩运，无处可销。[41]

鄂尔达的奏章，揭示了一个长期被学者忽略的事实——广西稻米进口，作用固然是补充广东稻米的不足，但其实广西米与广东米是不一样的品种(虽然两者同属籼米这个大类别)，至少在口感上不一样。正如鄂尔达所指出，“西谷瘠薄，不如东谷肥满”，广东人爱吃本地米多于广西米。

消费者的选择，是出于价格和口感的考虑。食物的口感当然是主观的，问题是这种主观的口感是如何产生的？广东的稻农，是从新石器时代开始，历经数千年，逐渐培植出本地人最能接受的味道，这种偏好不易改变。广东人爱吃本地米，但若本地米远较广西米贵，他们会牺牲口感；但若两者价钱相近，甚至出现本地米较广西米便宜的时候，西江米粮贸易便立时陷于停顿的状态。雍正十年(1732)正正就是这个情况。

对价格和口感的考虑能发挥作用的原因是广东仍然出产大量的稻米。雍正十年(1732)的稻米大丰收，在雍正十二年(1734)又一次出现了。当年九月中，广东布政使张渠奏报“粤东地方，连年丰稔”，该年的早稻收成，若以十分计算，已有八九分，他有信心晚稻的收成将是十分。奏折发出之时，广东总督鄂尔达已经增建了政府粮仓，并下令从省库拨出 8 万两，购买并收贮市场上生产过剩的稻米。在这 8 万两中，2.5 万两购买西谷，2.5 万两购买朝阳、海阳和揭阳三县生产的稻米，3 万两购买高州和雷州二属生产的稻米。布政使张渠建议再增拨 4 万两，在广州和肇庆等府进行稻米收购。[42] 当年广西稻米的收成也是大熟。广西巡抚金鉷也奏请从省库拨出 7430 两，在本省市场上购买稻米。他的理由是："乘此谷多价平之时，亟宜酌量收买，以备接济，使目下不致伤农。"[43]

好景连年，雍正十三年(1735)，广东仍然是稻米大丰收。省内各县粮仓已经堆满稻米，按照规定，知县需要每年将百分之三十的旧谷出粜，然后再粜入新谷，以保持仓内谷粮的新鲜度。但由于"广东连年丰收"，三水县尝试将价值 1 万两的稻谷出粜，结果也只卖出一半。[44]可见在供过于求的情况下，粮仓的管理也面临困难。

雍正十三年(1735)三月十五日，两广总督鄂尔达、广东巡抚杨永斌合奏，批评有官员以为"粤东山多田少，一年所收之谷，不足供本省半年之食，全赖广西运贩接济"并不确切，因为他们低估了广东的稻米生产。两位官员奏："第查粤省虽属山多田少，若无旱涝，所产米粮亦可敷一年之食。再借西谷，即能充裕，有备无患……今乃云不足半年民食，未免言之太过。”[45]

总括来说，18世纪两广之间的稻米贸易量有多少？陈春声猜测在100万～300万石之间。如果我们接受这个数字，仍然要探求中间的200万石是什么意思。从清朝政府的档案中，可以见到地方督抚的报告，在歉收和丰收的年份是完全不同的语调，反映出两广的稻米贸易量是非常不稳定的，它可以很少（丰收之时），也可以很庞大（歉收之时）。贸易盈缩的关键，不是整体人口数字，而是广东本省的稻米收成分数。

六、小结

18世纪两广间的长程稻米贸易是相当触目的事情，不过它的原因并非人口压力。稻米是主粮，但能否吃得起，则要看个别地域的人口富裕程度。广东和广西的农村虽然生产大量的稻米，但稻米从来不是农民们日常餐桌上的食物。他们把辛苦耕作所得的稻米出售，而以番薯等杂粮作为主要粮食。这个情况，即使到了18世纪下半叶也仍是如此。[46]

华南米粮贸易的起点，是富裕阶层对稻米作为主粮的坚持。在18世纪，受惠于茶叶等出口贸易的广东，富裕阶层逐渐壮大，而且很多就是城市居民。很多富起来的城市居民，在口感和面子的双重考虑下，开始放弃杂粮作为主食。问题是，本地稻米的价钱相当昂贵，“平常之家”[47]负担不起。这些追求稻米作为主粮的平常之家，于是成了广西稻米的主要消费者。对他们来说，运来广东的广西米虽然较为“瘠薄”，价钱却较本地米便宜，是良好的选择，西江米粮贸易由此而起。

换句话说，广西稻米之所以能在广东市场分一杯羹，不在于其米质之优胜，而在于其价格之低下。所以每当广东稻米丰收，两省稻米价格差缩小，一些原本吃广西米的人，便会转吃口感更佳的本地米。这时，广西米便不能销售，而广西的稻米出口便急速衰退，甚至停止。

注释

① 参见佛山地区革命委员会《珠江三角洲农业志》编写组编：《珠江三角洲农业志(初稿)》(五)，2页，1976。

② 参见佛山地区革命委员会《珠江三角洲农业志》编写组编：《珠江三角洲农业志(初稿)》(五)，3页，1976。

③ 参见佛山地区革命委员会《珠江三角洲农业志》编写组编：《珠江三角洲农业志(初稿)》(五)，5～6页，1976。

④ 参见佛山地区革命委员会《珠江三角洲农业志》编写组编：《珠江三角洲农业志(初稿)》(五)，6页，1976。

⑤ 参见佛山地区革命委员会《珠江三角洲农业志》编写组编：《珠江三角洲农业志(初稿)》(五)，31～32页，1976。

⑥ 参见屈大均：《广东新语》卷十四，711～712页，北京，中华书局，1985。这些薯和芋，到了今天，很多已经不再种植了，今天仍然能在广东粮食市场上找到的，只有木薯和芋头。

⑦ 参见广东省农业厅生产处、广东省科协普及部编：《番薯栽培技术》，4、8、11页，广州，广东科技出版社，1982。

⑧ 参见蔡宏进：《找回台湾番薯根》，14页，新竹，方集出版社股份有限公司，2021。

⑨ 参见蔡宏进：《找回台湾番薯根》，14～15页，新竹，方集出版社股份有限公司，2021。

⑩ 参见叶常丰编著：《番薯栽培法》，4、35页，上海，少年儿童出版社，1956。

⑪　参见蔡宏进：《找回台湾番薯根》，17页，新竹，方集出版社股份有限公司，2021。

⑫　参见蔡宏进：《找回台湾番薯根》，18页，新竹，方集出版社股份有限公司，2021。

⑬　参见蔡宏进：《找回台湾番薯根》，13、19页，新竹，方集出版社股份有限公司，2021。

⑭　参见蔡宏进：《找回台湾番薯根》，15～16页，新竹，方集出版社股份有限公司，2021。

⑮　金学曾：《海外新传七则》(1594年)，见陈世元等：《金薯传习录》(约1768年)上卷，转引自范楚玉主编：《中国科学技术典籍通汇·农学卷》(四)，749～750页，郑州，河南教育出版社，1994。

⑯　参见梁家勉、戚经文：《番薯引种考》，载《华南农学院学报》，1980(3)，75页。

⑰　参见梁家勉、戚经文：《番薯引种考》，载《华南农学院学报》，1980(3)，76页。笔者同时参考了李长年编著：《农业史话》，190页，上海，上海科学技术出版社，1981。梁家勉、戚经文指出，这个故事来自东莞《凤冈陈氏族谱》内的《陈益传》。《凤冈陈氏族谱》已佚，据宣统《东莞县志·艺文志》，《凤冈陈氏族谱》是明朝人陈佐所撰。不过，《陈益传》是在康熙年间重修族谱时才增入的。[参见梁家勉、戚经文：《番薯引种考》，载《华南农学院学报》，1980(3)，78页，注15。]

⑱　参见梁家勉、戚经文：《番薯引种考》，载《华南农学院学报》，1980(3)，76页。笔者同时参考了李长年编著：《农业史话》，191页，上海，上海科学技术出版社，1981。这个故事来自道光《电白县志》，虽然李长年怀疑这是乾隆年间发生的事情，但梁家勉和戚经文指出年份并不可考。

⑲　参见广东省农业厅生产处、广东省科协普及部编：《番薯栽培技术》，9页，广州，广东科技出版社，1982。

⑳　参见S. C. S. Tsou and Ruben L. Villareal, “Resistance to Eating Sweet Potatoes,” in Ruben L. Villareal and T. D. Griggs eds., *Sweet*

Potato, Shanhua, Asian Vegetable Research and Development Center, 1982, pp. 37-42.

㉑ 参见陈春声：《市场机制与社会变迁——18世纪广东米价分析》，47～49页，台北县，稻乡出版社，2005。

㉒ 参见康熙五十一年十一月十七日陈元龙奏，见中国第一历史档案馆编：《康熙朝汉文朱批奏折汇编》第4册，538～539页，北京，档案出版社，1985。

㉓ 乾隆三十二年(1767)，两广总督李侍尧在向皇帝的报告中指出："自广东虎门至暹罗，共一万三百余里，九月中旬北风顺利即可开行，如遇好风半月可到，风帆不顺约须四十余日。"(《清实录》第18册《高宗纯皇帝实录(一〇)》卷七九一，712页，北京，中华书局，1986。)

㉔ 《清实录》第6册《圣祖仁皇帝实录(三)》卷二九八，884页，北京，中华书局，1985。

㉕ 这个标准是参考了乾隆十四年(1749)的一个实例，当年七月，有暹罗国商人沈泰驾驶帆船，去到福州，由于该船梁头长九丈八尺八寸，闽海关官员认为应照第四等乌白艚船之例，征梁课银一千两。参见《福州将军马尔拜请降等征收暹商沈泰梁课奏折》(乾隆十四年八月二十九日)，见中国第一历史档案馆：《乾隆年间由泰国进口大米史料选》，载《历史档案》，1985(3)，24页。

㉖ 参见屈大均：《广东新语》卷十四，373～374、378页，北京，中华书局，1985。

㉗ 屈大均：《广东新语》卷十四，371页，北京，中华书局，1985。

㉘ 雍正三年十一月十四日韩良辅奏，见中国第一历史档案馆编：《雍正朝汉文朱批奏折汇编》第6册，465页，南京，江苏古籍出版社，1991。

㉙ 参见雍正四年五月二十五日汪漋奏，见中国第一历史档案馆编：《雍正朝汉文朱批奏折汇编》第7册，315页，南京，江苏古籍出版社，1991。

㉚ 参见雍正四年六月十六日汪漋奏，见中国第一历史档案馆编：《雍正朝汉文朱批奏折汇编》第7册，464页，南京，江苏古籍出版社，1991。

㉛ 参见雍正五年正月初三日杨文乾奏，见中国第一历史档案馆编：《雍正朝汉文朱批奏折汇编》第8册，808页，南京，江苏古籍出版社，1991。

㉜ 雍正八年四月二十日鄂尔泰奏，见中国第一历史档案馆编：《雍正朝汉文朱批奏折汇编》第18册，512页，南京，江苏古籍出版社，1991。

㉝ 雍正十年(1732)八月，这位广西巡抚奏报："广西各年各案存仓米谷，实有一百六十万有零。"(雍正十年八月初六日金鉷奏，见中国第一历史档案馆编：《雍正朝汉文朱批奏折汇编》第23册，123页，南京，江苏古籍出版社，1991。)

㉞ 参见陈春声：《市场机制与社会变迁——18世纪广东米价分析》，23～31、55页，台北县，稻乡出版社，2005。

㉟ 参见 Sui-Wai Cheung, *The Price of Rice*: *Market Integration in Eighteenth-century China*, Bellingham, Western Washington University Press, 2008, p. 17.

㊱ 雍正七年四月二十日王士俊奏，见中国第一历史档案馆编：《雍正朝汉文朱批奏折汇编》第15册，119页，南京，江苏古籍出版社，1991。

㊲ 参见雍正七年四月二十七日傅泰奏，见中国第一历史档案馆编：《雍正朝汉文朱批奏折汇编》第15册，213页，南京，江苏古籍出版社，1991。

㊳ 参见雍正十年四月初一日杨永斌奏，见中国第一历史档案馆编：《雍正朝汉文朱批奏折汇编》第22册，79～80页，南京，江苏古籍出版社，1991。

㊴ 参见雍正十年五月二十九日鄂尔达奏，见中国第一历史档案馆编：《雍正朝汉文朱批奏折汇编》第22册，378～379页，南京，江苏古籍出版社，1991。当年二月鄂尔达以广东巡抚之职，同时署任广东总督(同年八月实授)。

㊵ 雍正十年五月二十九日鄂尔达奏，见中国第一历史档案馆编：《雍正朝汉文朱批奏折汇编》第22册，379页，南京，江苏古籍出版社，1991。

㊶ 雍正十年五月二十九日鄂尔达奏，见中国第一历史档案馆编：《雍

正朝汉文朱批奏折汇编》第22册，379页，南京，江苏古籍出版社，1991。

㊷ 参见雍正十二年九月十五日张渠奏，见中国第一历史档案馆编：《雍正朝汉文朱批奏折汇编》第26册，999～1000页，南京，江苏古籍出版社，1991。

㊸ 雍正十二年十二月十七日金鉷奏，见中国第一历史档案馆编：《雍正朝汉文朱批奏折汇编》第27册，460页，南京，江苏古籍出版社，1991。

㊹ 参见雍正十三年三月十五日鄂尔达、杨永斌合奏，见中国第一历史档案馆编：《雍正朝汉文朱批奏折汇编》第27册，878页，南京，江苏古籍出版社，1991。

㊺ 雍正十三年三月十五日鄂尔达、杨永斌合奏，见中国第一历史档案馆编：《雍正朝汉文朱批奏折汇编》第27册，873、876页，南京，江苏古籍出版社，1991。

㊻ 例如，位于广东西南部的高州、雷州、廉州三府是省内主要的稻作区，但根据两广总督阿里衮、广东巡抚苏昌在乾隆十七年(1752)九月的一份联合奏折，这三府中有一半的"小民"，是以芋头和地瓜为主要粮食的。(参见乾隆十七年九月二十九日阿里衮、苏昌合奏，见台北"故宫博物院"编辑委员会编：《宫中档乾隆朝奏折》第4辑，29页，台北，台北"故宫博物院"，1982。)同年十一月，两位官员再强调："查粤东情形，民间於米谷之外，广栽芋薯等杂粮，山海贫民大率俱借以克食。"(乾隆十七年十一月初八日阿里衮、苏昌合奏，见台北"故宫博物院"编辑委员会编：《宫中档乾隆朝奏折》第4辑，252页，台北，台北"故宫博物院"，1982。)

㊼ 这里用"平常之家"来代表既非富户也非穷民的广东人口。这个名词，来自两广总督阿里衮、广东巡抚苏昌在乾隆十七年(1752)的奏折，他们说："每年禾稻收成之后，富户则多留盖藏；平常之家，悉将谷石粜卖以资一切身家用度，迨次年青黄不接，咸借官仓平粜接济。"(乾隆十七年十一月初八日阿里衮、苏昌合奏，见台北"故宫博物院"编辑委员会编：《宫中档乾隆朝奏折》第4辑，252页，台北，台北"故宫博物院"，1982。)需注意，官仓平粜的大米，也是要用钱购买的。

对稻米挑剔的江南人

李伯重是研究明清江南农业的专家，他承认明清时期江南人口的确有增长的趋势，但他并不同意增长过激导致人均耕地面积大幅下降，从而出现经济的“过密化”或“内卷化”。李的解释可以分为三个方面。首先，明清时期中国的人口增长不仅相当缓慢，而且还有逐渐减缓的趋势。例如，在明代人口最多的1620年至清代人口最多的1850年这两百多年中，江南人口的年平均增长率仅为3‰左右，但江南经济的年增长率在3‰以上应该没有多大问题。其次，明清江南水稻亩产量，因为灌溉系统和耕作技术的改善而不断提高，直至清代中叶方达到其在传统农业时代(20世纪50年代以前)的顶峰。特别值得注意的是，这个提高并未伴随有水稻亩均劳动投入的增加，因此难以用“内卷化”的理论来解释。最后，明清时期的江南人，与同时期的英国人一样，在人口增长和粮食供应的协调问题上，是具有同样的理性的。江南人普遍有着一种控制人口增长以保富裕的理性行为，所以明清江南出现了溺婴风气的严重化、节妇和贞女数目的增加、男同性恋的流行，以及养老观念由养儿转变为储钱等现象。另外，通过药物和非药物进行节育的流行，结婚费用的高昂和愈来愈多的人离家经商等社会风尚，均有效地使得江南地区妇女受孕的机会减少。[①]可见人口论仍然是李伯重笔下明清江南经济史的核心理论，他只是认为明清江南没有出现人口压力而已。

如果江南没有人口压力，那如何理解不容忽略的长江米粮贸易？故此，李伯重在《江南农业的发展(1620—1850)》一书中写到长江米粮贸易时，便会显得与他的论点格格不入。他说：“江南粮食的输出与输入出现很早，但是在明代以前，输出与输入的总规模不很大，而且在明代以前，一般输出多于输入。到了明代后期，情况发生很大变化。一方面，输出的数量减少；另一方面，输入比以前有很大的增加，以致江南部分地区每年要依赖于外地输入粮食。不过，从江南自身的粮食生产与消费关系以及其他地区的粮食生产能力来看，江南粮食大致尚能自给；而可以向江南输入的外地粮食，数量颇为有限。因此这种输入在江南粮食消费总量中所占的比重还不很大，而且灾年调剂性质的输入还占有突出的地位。到了清代前中期，情况才变得大不相同。在清代前中期，尽管灾年调剂在江南粮食输入中仍占有相当地位，但平时经常性输入已成为输入的主要部分。”李伯重接着估计，1850 年前后江南每年从长江中游地区输入的大米数量约为 1500 万石。② 在这里，李伯重只是进行叙述，没有仔细分析长江流域出现庞大米粮贸易的原因。

其实，李氏在其早期的文章中，曾经指出长江米粮贸易的兴盛，源自市场发展下地域经济的分工。当江南的经济集中在丝的出口上努力，长江中游则集中资源进行稻米种植，于是中游的廉价稻米便源源不绝地向江南出口了。[3]长江中下游的劳动分工，固然是一个解释。但问题是，这种分工是如何发展出来的？

本部分将指出，当市场被用到对粮食种植的研究上，我们应该关心的，已经不单单是亩产问题，而是人们对食物的偏好，以及他们是否愿意负担并支付由这种偏好而来的价格。在前一部分，我们看到了18世纪华南西江流域的稻米供求关系，这一部分将介绍同时代华中长江流域诸省的情况。在前一部分，我们已经知道为什么人们要吃稻米；而这一部分则要探讨他们吃什么品种的稻米。

一、谈迁的痛苦经历

顺治十年(1653)，浙江杭州府海宁县的谈迁(1594—1658)已经59岁，刚完成他的伟大的明史著作《国榷》，启程沿大运河上京，去做在弘文院当编修的朋友朱之锡的记室。对于谈迁来说，离乡北游，访寻史迹，一直是他的少年愿望，就连朋友也跟他说："子大类北人，夫生于南而性于北。"谈迁在京四年，每有空便四处拜访藏书家，借书阅读，其余时间便做实地调查，写作《北游录》。朱之锡作序，描写了谈迁搜访史料的情形："为了访问遗迹，登山涉水，脚都起了泡，有时迷了路，只好请看牛的小孩和雇工带路，觉得很高兴，不以为倦，人家笑他也不理会。到一个村子里，就坐下笔记，一块块小纸头，写满了字，有时写在用过的纸背上，歪歪扭扭的，很难认出。路上听到的看到的，一堵断墙，一块破碑，也不放过，只要耳目所能接触的都用心记下，真是勤勤恳恳，很感动人。"[④] 到了北京之后，谈迁的学问确实增长不少，但同时也发现自己原来并不适应那儿的生活。他在给朋友的信中诉苦说："北京气候又干燥，到处是尘土，鼻子口腔都脏得很。无处可去，只有离住所两里外的报国寺有两棵松树，有时跑到树下坐一会，算是休息了。”[5]

对于来自鱼米之乡的谈迁来说，每天的饭食是一大问题，他在《北游录》中指出，北京不是没有稻米种植，但却种植不多，而价格竟达南方的两倍，因此除非有贵客到访，否则北京一般家庭的餐桌上是不会有大米供应的。他们的餐桌食物，如果不是煮小米饭的话，便是将小麦、小米、荞麦或豆类磨制成粉状，再蒸制成不同种类的糕点。[6]

谈迁的见闻，使我们明白稻米成为目前中国北方的主粮，至少在该区域逐渐普及，其实是一件非常近代的事情，大概是东北稻米种植发展和国家政策扶持(如补贴铁路运输)的结果。其实即使在民国时期，北方的稻米种植仍然是毫不显眼的。1928 年，卜凯带领 50 名金陵大学农学院农业经济系的学生，历时 9 年，在中国 22 省选定了 168 个地区进行农业调查。根据这些规模庞大的资料，卜凯归纳出中国的农业地理大抵以北纬32度为界，南面属水稻地带，而北面是小麦、小米、高粱地带。[7]

淮河以北地区的主要粮食是麦类。麦子有好几种，如大麦、小麦、荞麦、雀麦等，特点都是磨粉食用。当日谈迁在北京看到一般家庭的饭桌上的糕点，大概就是这些麦子磨粉后蒸成的。在这几种麦子中，较受欢迎的是小麦。不过，小麦的生长期很长，它经历春夏秋冬四季的气候变化，从秋天播种，到翌年初夏才收获。[8]

记挂着南方稻米的谈迁，一直希望回到杭州。顺治十三年(1656)，东家朱之锡受不住他的多番请求，让他离京回乡了。

二、粳稻和籼稻的取舍

谈迁的家乡杭州，属于广义上或者经济意义上的

“江南”。从地理上来说，所谓江南，就是长江三角洲以南的地区；但经济史学者则将江苏省和浙江省的市场发展前沿城市，都纳入江南地区。李伯重便认为江南地区应包括明清时期苏州(以及由苏州府析出)的太仓州、松江、常州、镇江、应天(江宁)、杭州、嘉兴、湖州八府。这样划分的主要理由，是此八府在地理、水文、自然生态以及经济联系等方面已形成一个整体。[⑨]在自然地理上，江南由三个部分组成：东部的江南平原、西北部的宁镇丘陵和西南部的浙西山地。其中江南平原又包括了两个主要地带：沿海沿江的高田地带和太湖周围的低田地带。[⑩]

明清时期江南的耕地资源主要分布在东部的江南平原，但那是宋代和元代对该区域的灌溉系统不断加以改良的结果。正如李伯重的分析，苏州、湖州、常州、嘉兴土田高下不等，以十分为率，低田七分，高田三分。因为江南平原地势本来就低下易涝，所以一旦遇到暴雨久雨，低田受淹乃为常事，必须有一个良好的水利系统，才能避免这种情况。而建设这样一个水利系统的方法，主要是“作堤”和“疏水”。南宋时江南大量围垦低地为田，主要用的是前一方法。而只管围田，不管治水，终于造成水系混乱，使太湖的水利矛盾进一步复杂化。到了元代，需要着重解决太湖排水不畅的问题，所以治水的特点是使用后一方法。因此终元一代，太湖地区水旱灾害的发生频率比宋代有所减少。[11]

江南许多地区尤其是太湖周边一带出产一种称为“粳米”的稻米品种。粳米是华北品种的稻米，现时的东北大米和日本稻米(Japonica rice)均属于粳米。由于粳米生长在较为寒冷的气候中，故含有较多的淀粉，米粒趋向圆形，煮熟后米质带黏性，味道也香。然而粳米的种植，须年平均温度在 16℃以下。[12]北方天寒，故此每年只能出产一造，价格也因此相对昂贵。

江南是长江流域唯一能够种植粳米的地区，稍西至南京，虽约属同一纬度，却已经看不到粳米种植的踪迹。目前学术界还缺乏一个共识去理解这个发展，游修龄猜测是受到了南宋以来自然和人为选择的共同影响。他认为南宋建立后，北方人口大量南迁至江南，将北方食用小麦和粳米的文化也带到那里；与此同时太湖地区天气转冷，四月的平均温度比现在要冷 1～2℃，另有古籍记录 1329 年和 1353 年，太湖结冰厚达数尺，人可在冰上行走，橘尽冻死云云。[13]

江南地区的稻米也不全是粳米。李伯重指出，江南的水稻，有粳稻与籼稻两大品系。两者的主要生态特性差别，在于对温度的反应：粳稻因对温度要求不高而较为耐寒，籼稻则对温度要求较高而不耐低温。[14] 丁颖指出，在食用的时候，粳米与籼米的分别是黏与不黏。一般种籼稻地区的平均气温是 17℃以上。整个华中和华南地区，基本上是籼稻的种植地带，生产粳稻的太湖地区是一个例外。[15]

粳米黏的原因，是它含有较多的蛋白质，也是因此之故，由粳米煮出的饭会比较香甜，较受消费者欢迎。

籼稻可以分为早季和晚季两种。早季籼稻对光线和温度的要求较低，能早种早熟，占城稻便是这类稻米的出色品种。不过如果将早季籼稻进行“连作”，即用早稻种子再下种，兼作晚季籼稻栽培的话，则它那种对光温不大敏感的特性，随着天气的转变，会影响收成。事实上，宋真宗时期，占城稻这种早熟稻米之所以能引进中国，是由于这种稻米并不是用来代替固有稻米品种的，而是在固有稻米品种之前增为一造，由此成就了中国南方大部分地区每年双季稻米的生产模式。[16]因此之故，双季稻米虽同为籼稻，实则是来自不同种子的不同品种。在两广和福建，稻米生长在3月至11月的长时段中，于是农民便安排一造早季籼稻，然后接种一造晚季籼稻，再在其余的冬季月份种植番薯；在长江流域，只可种植单季稻，于是在太湖流域，粳稻便成为主流，当然粳稻也有早晚之分；至于长江中下游地区，如果只能种一季稻米，农民则在早季和晚季籼稻中选择其一。

何炳棣认为占城籼稻的引入引起了宋代的粮食革命。他指出，宋代开始，由于占城稻的引进，中国水稻地带的人口增长比华北快得多，这场从公元1000年开始的农业革命，使中国农业达到自给自足，人口得以持续地增长，直至19世纪30年代才出现饱和。之后中国人口又继续增加，直到由于太平天国运动中国死掉两千万至三千万人口，人口压力才有所缓解。[17]

罗友枝(Evelyn Rawski)是少数注意到占城稻在江南市场上是次等稻米的学者之一。她指出占城稻不仅是早熟品种，而且价格便宜，但早熟稻有早熟稻的缺点，就是它较其他留在田中较久的稻米品种难吃。正因为这个特质，占城稻在宋代被引进到中国时，便在盛产粳稻的江南地区遇到很大的阻力——苏州的农民坚持种植可以卖得更好价钱的本地粳稻。事实上，除了农民，南宋政府也同样歧视占城稻，它规定江南地区的农户，若向朝廷缴纳占城稻而非粳稻，须多缴百分之十作为附加费用。[18]罗友枝的研究让我们明白一个简单的道理——食物的作用不只是充饥！

在江南，粳稻因为产量少、需求大，故而变得珍贵。这个地区的富裕家庭，除了食用粳米饭，为了更好地保存这种本地粳米，在腊月（农历十二月）会将刚收割而来的粳米舂碎，进行加工，放在瓦缸内保存，以供全年食用，称为“冬舂米”。[19]

清初，在苏州的市场上，分别出售本地粳米以及自江西、湖南和湖北运输而来的籼米。从雍正三年（1725）江苏巡抚张楷给皇帝的报告中，可以看到两者的价钱是相差很大的。张楷说：

苏城绅士有余之家，皆食本地四糙晚米，每石价需壹两柒捌钱；若寻常通行食米，皆江广客米，现在市价每石壹两叁钱贰分至柒捌分不等。[20]

从这份奏折可以看到，虽然籼米较为便宜，但属于“有余之家”的苏州绅士，皆喜好食用本地出产的粳米。[21]

长江米粮贸易的本质，就是这种由中游地区出产的廉价籼米(包括占城稻)，向下游地区倾销。每年秋收，米谷商人便在长江中游的小市场采买籼米，在米谷紧张的年份更会深入乡村，直接进行购买。之后，他们便利用河船，源源不绝地将籼米长途运输至下游地区，主要的目的地是离苏州城西四里的江南最大的籼米市场枫桥镇。乾隆八年(1743)，苏州巡抚陈大受便曾上奏：

窃照苏郡五方杂萃，日用食米，大半借资于外来商贩，而浙省宁绍等府，本地出米有限，又多向苏郡转贩，故枫镇河干入栈，搬载下船者，无日不有。[22]

枫桥镇成为这些从江西和湖广等地进口的籼米的集散市场，它的服务对象，便是那些不愿食用粗粮，但又负担不起本地粳米的江南人。

粳米是有体面的主粮。江南人喜爱粳米的对立面，便是蔑视籼稻。这种态度，即使是出身杭州、侨居湖州德清县的沈赤然(1745—1816)也觉得不对，他说：

> 至今惟吾浙嘉湖及江南之苏州，尚然谓籼米不可食也，而贫家之日市升斗者，亦相习为常。故一逢歉岁，此米尤居奇。其最受此累者，莫如德清县之新市镇。其地不通商客，虽他处米如山积，亦无粒颗至此。即至亦相戒不食，所持者仅十余米肆，往嘉和贩粜。年岁稍歉，各处米价未增，而此间已先翔贵，故贫人受害尤酷。余侨居新市十八年，屡劝人改食籼米，其如聚聋而鼓，无一听者。㉓

从上可知，侨居德清县新市镇多年的沈赤然，劝人多吃籼米，以增强地方对饥荒的防御能力。但他的劝告竟没有一个听众，他感觉他只是在聋人面前打鼓而已。

三、杂粮素不惯食

江南气候偏冷，在明清时期，该地区主要能够收成一季稻米，这便形成了一季稻米加一季杂粮的种植方式。杂粮中以小麦为主。江南的小麦属于淮南小麦区，由于气候的不同，它的总生育期较淮北小麦为短，为190～210天(淮北小麦是220～240天)。[24]种植小麦也需要不少功夫，但没有水稻那么费劲。宋应星指出，种麦子会遇到的灾害只相当于种水稻的三分之一。播种后，雪、霜、晴、涝都没有多大影响。[25]

与淮河以北种植的小麦比较，江南的小麦虽然生长比较快，但质量却比不上，它也从来没有取代水稻成为江南的主粮。宋应星甚至指出，在江南，有农民是种麦子来肥田的。他们不是要求麦子结实，而是当小麦或大麦还在青绿的苗期时，把它翻压在田里，作为绿肥来改良土壤，以求增加稻谷的产量。[26]

在江南，像小麦这些杂粮不可能是富裕人家餐桌上的食物。乾隆三年(1738)，江南稻米歉收，山东巡抚向朝廷建议收购其省内的小米和豆类，售卖给江苏省府作为平粜之用。谁知两江总督那苏图的回复是："江南人民向食大米，杂粮素不惯食。"[27]一个月后，那苏图转而建议，不如将这批山东杂粮卖到长江以北江苏境内较为贫穷的地区，因为"江南徐、邳、海、通一带与山东接壤，民间习俗相近，杂粮亦可济用"[28]。从这两份奏折中，可以见到那苏图是带有自豪感地指出，即使在歉收的时候，经济富裕的江南地区对主粮还是相当讲究的，对食用杂粮并不习惯。

淮河是消费稻米的主要界线，但饮食文化的出现也有价格的因素。乾隆八年(1743)，苏州巡抚陈大受上奏说，虽然淮北下游地区同属江苏省，但那里的人口较为习惯食用小麦和小米。稻米，无论是粳米和籼米，由于昂贵，在这个地区均不好销售，即使政府减价出粜，仍少人问津，他们还是购买比较便宜的小麦和小米。[29]

番薯是华南的杂粮之王，除了广东，福建也广为种植，同样是该省贫民最为倚重的杂粮。乾隆十六年(1751)八月，福建巡抚潘思榘在省内进行了一次农业考察，并向皇帝报告说：

> 臣留心体察，兴化、漳[州]、泉[州]三府，惟莆田一邑水田居其六七，村落田畴似浙省之山阴会稽。其余各县，山海交错，村落田畴，似山东之沂兖，水田仅止二三，山地居其七八。漳泉贫乏之户，多以番薯为粮，故山地之种番薯者居其六七，亦相土之所宜也。[30]

漳州和泉州是福建最重要的两个商业城市。但即使如此，在这两个地方，却有超过一半的土地是种植番薯的，可见这种农作物对当地贫穷家庭的重要性。

但番薯在江南完全没有生存的空间。在两广和福建，番薯的成功，是因为这种耐旱的农作物，很好地配合着双季水稻的种植。番薯生长需要15℃以上的温度，在华南那种亚热带地区，能在冬季生长，于是便形成了每年双季稻米再加一造番薯的种植模式。[31]而在长江流域，由于温度普遍偏低，冬季太冷，情况便有点不同了。譬如，在浙江省，插种番薯的最佳季节，是5月上旬到6月上旬，因为这段时间的温度和水分都比较适宜。若在5月前扦插，则温度太低，初期藤叶长不好，根部发育差，不容易膨大；若在6月下旬以后扦插，则番薯的生长期缩短，块根结得迟，形状小，水分多，不耐贮藏。[32]

番薯可以在江南甚至更北的地区种植，关键在于，当地的农民是否愿意利用珍贵的温暖季节去培植廉价的番薯？答案是否定的。乾隆年间，福建晋安人陈世元编辑了《金薯传习录》，叙述四世祖陈振龙在明万历年间前往吕宋国经商，发现了番薯这种农作物，虽然当地夷人禁止出口，陈振龙仍然成功偷运了数尺番薯藤回到福建，并成功试种。过了不久，福建真的发生旱灾，陈振龙的儿子陈经纶遂将番薯藤和种法献与福建巡抚金学曾。金巡抚在全省推广番薯种植，收到了很好的救荒效果。到了陈世元这一代，已经是乾隆年间，他仍然致力于将番薯推广至华北，据他的叙述，在乾隆十八年(1753)和乾隆十九年(1754)这两年间，他命长子将番薯分别移种于山东的胶州和潍县(今山东潍坊)，乾隆二十一年(1756)又命长子和次子将番薯移种至河南的朱仙镇。[33]不过，历史再没有记录这些番薯田的结果如何，看来陈世元在华北推广番薯的努力，并没有取得显著的成果。

四、小结

市场是推动稻米种植的真正力量。什么是市场活动？它是经过质量和价格的比较后而做出的决定。在18世纪，无论长江三角洲或珠江三角洲均生产大量稻米，而且这些本地稻米，对于当地人来说，口味之佳是无可比拟的。若历史只停留在这个点上，那是不会发生长程米谷贸易的。因为即使人口有所增加，在市场的竞争下，较为贫困的人口也可以只食用粗粮。不过，16世纪以来，这两个三角洲因经济的发展，均成为中国最为富裕的地区。它们的人口增加了，而重要的是，它们所增加的人口，较邻近省份的来得富裕。于是在市场竞争之下，部分人口虽然吃不到本地米谷，但仍然不用吃粗粮，他们吃的是外地进口的廉价稻米。在这种情况下，两条大江的中游地区开始大规模种植稻米，而蓬勃的长程米谷贸易便这样开始了。

注　释

① 参见李伯重:《多视角看江南经济史(1250—1850)》, 5～6、130、137～212页, 北京, 生活·读书·新知三联书店, 2003。

② 参见李伯重:《江南农业的发展(1620—1850)》, 王湘云译, 119～123页, 上海, 上海古籍出版社, 2007。此书翻译自 Li Bozhong, *Agricultural Development in Jiangnan, 1620-1850*, London, Macmillan Press, 1998.

③ 参见李伯重:《明清江南与外地经济联系的加强及其对江南经济发展的影响》, 载《中国经济史研究》, 1986(2), 117～134页。

④ 朱之锡:《北游录序》, 见谈迁著, 汪北平校点:《北游录》, 1页, 北京, 中华书局, 1960。这里采用吴晗的译文, 参见吴晗:《爱国的历史家谈迁(代序)》, 见谈迁著, 汪北平校点:《北游录》, 5页, 北京, 中华书局, 1960。

⑤ 吴晗:《爱国的历史家谈迁(代序)》, 见谈迁著, 汪北平校点:《北游录》, 6页, 北京, 中华书局, 1960。

⑥ 参见谈迁著, 汪北平校点:《北游录》, 314页, 北京, 中华书局, 1960。

⑦ 参见卜凯主编:《中国土地利用》, 黄席群译, 28页, 台北市, 台湾学生书局, 1971。

⑧ 参见宋应星著, 钟广言注释:《天工开物》, 33～35页, 香港, 中华书局香港分局, 1978。

⑨ 参见李伯重:《江南农业的发展(1620—1850)》, 王湘云译, 4页, 上海, 上海古籍出版社, 2007。

⑩ 参见李伯重:《多视角看江南经济史(1250—1850)》, 44页, 北京,

生活·读书·新知三联书店，2003。

⑪ 参见李伯重：《多视角看江南经济史(1250—1850)》，45～46页，北京，生活·读书·新知三联书店，2003。

⑫ 参见《丁颖稻作论文选集》编辑组编：《丁颖稻作论文选集》，30页，北京，农业出版社，1983。

⑬ 参见游修龄：《太湖地区稻作起源及其传播和发展问题》，载《中国农史》，1986(1)，80页。

⑭ 参见李伯重：《江南农业的发展(1620—1850)》，王湘云译，47页，上海，上海古籍出版社，2007。

⑮ 参见《丁颖稻作论文选集》编辑组编：《丁颖稻作论文选集》，30页，北京，农业出版社，1983。

⑯ 参见《丁颖稻作论文选集》编辑组编：《丁颖稻作论文选集》，30页，北京，农业出版社，1983；游修龄编著：《中国稻作史》，220～221页，北京，中国农业出版社，1995。

⑰ 参见何炳棣：《明初以降人口及其相关问题(1368—1953)》，葛剑雄译，200～206、320～322页，北京，生活·读书·新知三联书店，2000。

⑱ 参见 Evelyn Sakakida Rawski, *Agricultural Change and the Peasant Economy of South China*, Cambridge, Harvard University Press, 1972, pp. 40-41, 52.

⑲ 参见沈赤然：《寒夜丛谈》卷三，715页，扬州，江苏广陵古籍刻印社，1986年影印《又满楼丛书》1924年本。现在冬舂米没有以前流行了，浙江嘉兴仍有老人家记得童年时家里仍会制作冬舂米。他说："上世纪五十年代，父亲就常制作冬舂米。刚砻好的糙米在用杵臼舂米时不能舂得太白，让米适当糙一些，用半白半糙的米进行囤制。囤制前用枯桑叶、米糠将部分大米拌在一起，放入锅内，生文火，边加热边搅拌，拌到以不焦为度。然后趁热用稻柴裹扎成柴团，做成'囤心'，也称'发头'。囤心放到米囤中央，将大米沿着囤心徐徐倒入。经十天左右，因囤心发热，整个囤内的大米便蒸腾出水汽来。此时父亲在米囤上面覆盖一层麻布，再铺上干燥

的砻糠，以吸收水汽。几天后，父亲每天早晨要观察砻糠的干湿度，湿了便马上调换干的，随湿随换，待潮气全部吸干，米色已变成淡黄色的黄米。在此基础上父亲会小心地清理一遍囤内的米。因为那时紧靠柴囤四周(即远离囤心)的米仍然是白色的，这些米未被热气蒸到或蒸的力度不够，须将这些半白半黄的米取出，用稻柴再裹扎成囤心，放到米囤中央，把已变黄的米全部堆上，一段时间后，所有的米皆呈暗红色，这样整囤米都成了冬舂米。"他还提到："制作冬舂米须有一定量的大米，故家有冬舂米者，一般皆为中上等农户，是为富足的标志。有句姑娘选择婆家的歌谣就这样唱：'嫁姑娘嫁拨啥人家，要嫁冬舂米囤高来攀勿着。'"［何志荣：《冬舂米》(2018 年 1 月 19 日)，http://www.jiaxing.cc/Article/jiahefengwu/2018/011c0P20189080.html，2023-01-27。］

⑳ 雍正三年七月初八日张楷奏，见《雍正朝汉文朱批奏折汇编》第 5 册，496 页，南京，江苏古籍出版社，1991。

㉑ 则松彰文是很早发现和提出这个事实的历史学者，参见则松彰文：「雍正期における米穀流通と米価變動－蘇州と福建の連関を中心として－」，載『九州大學東洋史論集』，第 14 號，1985 年 12 月，157～188 頁。

㉒ 《录副奏折》，乾隆八年三月三日陈大受奏，中国第一历史档案馆藏缩微胶卷，第 49 卷，2023 页。

㉓ 沈赤然：《寒夜丛谈》卷三，715 页，扬州，江苏广陵古籍刻印社，1986 年影印《又满楼丛书》1924 年本。

㉔ 参见江苏省农科院粮作所品种资源研究室编：《江苏省小麦大麦品种志》，10 页，苏州，江苏科学技术出版社，1985。

㉕ 参见宋应星著，钟广言注释：《天工开物》，39～41 页，香港，中华书局香港分局，1978。

㉖ 参见宋应星著，钟广言注释：《天工开物》，37～39 页，香港，中华书局香港分局，1978。

㉗ 《朱批奏折》，乾隆三年九月二十一日那苏图奏，中国第一历史档案馆藏缩微胶卷，第 54 卷，2351～2354 页。

㉘ 《朱批奏折》，乾隆三年十月十二日那苏图奏，中国第一历史档案馆藏缩微胶卷，第 54 盒，2428～2430 页。

㉙ 参见《录副奏折》，乾隆八年四月一日陈大受奏，中国第一历史档案馆藏缩微胶卷，第 49 盒，2121～2123 页。

㉚ 乾隆十六年九月二十一日潘思榘奏，见台北“故宫博物院”编：《宫中档乾隆朝奏折》第 1 辑，742～743 页，台北，台北“故宫博物院”，1982。

㉛ 有关番薯的温度需求，亦可参见蔡承豪、杨韵平：《台湾番薯文化志》，22、24 页，台北，果实出版，2004。

㉜ 参见叶常丰编著：《番薯栽培法》，14 页，上海，少年儿童出版社，1956。

㉝ 参见曾雄生：《金薯传习录提要》，见陈世元等：《金薯传习录》，“序言”，转引自范楚玉主编：《中国科学技术典籍通汇・农学卷》(四)，729～730 页，郑州，河南教育出版社，1994；同时参见陈世元：《青豫等省栽种番薯始末实录》，见陈世元等：《金薯传习录》上卷，转引自范楚玉主编：《中国科学技术典籍通汇・农学卷》(四)，745～747 页，郑州，河南教育出版社，1994。

应对米贵的办法

在农业社会，最可怕的事情莫过于农业失收。农业失收的原因，不是人祸，便是天灾。众多天灾之中，最可怕的是旱灾。缺乏水分，植物枯死，接着是动物饿死。当大部分动植物都已经死亡，便到了人们面临生死的阶段。崇祯年间(1628—1644)，华北发生旱灾，重灾区是陕西。它的可怕之处在于，不是一年，而是在整个崇祯年间都没有停止。灾情的出现，使得农作物收成大减，导致朝廷的农业税收也相应减少。边境驻防的军费，一直是朝廷的最大开支，这时军队的粮饷便出现供应不足的情况。朝廷见无能力支付兵士的粮饷，索性把负责朝廷运输的驿站裁去十分之三，节省开支，好将资源集中在辽东地区，防备正在帝国东北崛起的女真人。

驿站和驿卒最多的地方，正正就是深受灾情打击的陕西，不想饿死，便为盗贼，于是引发了大规模的农民起义，后来加速了明朝的灭亡。[①]

农业失收，直接导致农产品价格急升，影响着社会的每一个阶层，而对惯以杂粮糊口的贫穷者来说，这更是生死挑战。例如，当华中或华南的稻谷失收，该处的稻米价格便立即升高。这时能享用稻米的人口大幅减少，很多人开始转吃平日看不起的杂粮(大小麦、小米、番薯等)，于是杂粮的价钱也被拉高，导致很多平日依靠杂粮为生的人口因饥馑而死亡，或者沦为盗贼。

清朝是继承明朝而来的农业国家，非常明白农业失收给社会稳定带来的挑战。况且，天子的责任，就是要让子民不受饥饿之苦呢！明朝天子显然就是做得不够好，才发生陕西饥荒，王朝才会灭亡。这一部分，我们看看清朝的方案，以及这些措施的成效。

一、上海县饥荒——贫和富的分别

崇祯初年爆发的大旱灾，虽然核心地区是在陕西，但江南也受到了影响，只是惨烈程度不及陕西而已。上海县地主绅士姚廷遴，于崇祯元年(1628)出生，晚年撰写《历年记》，称崇祯十四年(1641)和崇祯十五年(1642)上海县内的惨况仍然历历在目：

> 崇祯十四年辛巳，十四岁……三月至九月无雨，江南大旱，草木皆枯死。我地从来无蝗，其年甚多，飞则蔽天，止则盈野，所到之处无物不光，亦大异事也。是时闻四方流贼大乱，我地戒严，百姓惊惶。年岁大荒，冬，道上饿死者无算。②

江南大旱，无论稻米和杂粮都失收，上海县民登时出现粮食危机。

在粮食出现危机的时候，富裕之家也受到影响。上海县内的富裕之家，姚廷遴可作为代表。姚说："余此时幸有陈米数担及豆麦数石，日逐动用。"[③] 当不少县民饿死街头的时候，富家子弟只是多吃了些杂粮，以及自己家储存的稻米。姚廷遴仍唱酬饮宴，他说："余其年初出交与，夜必饮酒，更深而归，若从馆驿桥过，必有死尸几个在焉。更有暗处，或脚踢着，或身上走过，知必死尸。至今见死人而不惧者，因经见多也。"[④] 对这位富家少年来说，崇祯年间上海县的饥荒只是增加了他的人生阅历。

上海跟陕西不一样，在饥荒之年，只要有金钱，还是比较容易在市场上买到粮食的(虽然价钱较平常之年昂贵很多)。姚廷遴记载，"沿街满路，有做烧饼卖者、做豆粞饼卖者、杀牛肉卖者、将牛血灌牛肠而卖者、将牛皮煮烂冻糕而卖者"。不过，在街头拿着刚购到的食物，要小心被贫民抢夺，即使买主能抢回，他的食物也已被咬坏。[5]

与姚廷遴形成强烈对比的，是极贫人口。在大旱之年，他们中的很多人就这样死去。饥荒之年，如何处理尸体也是一个问题，姚廷遴记载：

> 死者日在城门口数之，必以百计。西南北三门义冢处，皆掘大坎土坑，周围筑墙，土工每日用草索一扛三尸，横拖竖抛，不日填满。桥头路口，遗弃小儿无数，真所谓父子不相顾，兄弟妻子离散，余乃目击者也。[6]

在大饥荒的时候，小孩会首先被放弃。

成年人会想尽一切办法生存。例如，姚家有一个叫范杏的租户，在姚的记忆里面，范杏是“有努力、有急智、有乖巧，在村中呼幺喝六”的豪杰之士。在饥荒之年，“余亲见其将榆树皮做饼食，并蚕豆叶亦炒食，掘草根茅根大把食之，其惨如此”。⑦虽说是惨，却没有饿死。一些人会投靠亲戚，渡过难关，例如，姚廷遴家便招呼过“二十三保家人妇女数口来就食，一日两餐”⑧。

最可恶的就是杀人(多为无力反抗的小孩)而食的饥民，但每次饥荒时都有这种坏人。姚廷遴对此亦多有记载⑨，此处不再详细举例。

在饥荒的年头，死神总是特别眷顾贫穷者，而穷人之中，弱者是最先遭殃的。不过，那并不表示地方官员在饥荒的时候没事可做。

二、粥厂的理想与现实

对知县来说，首要任务是维持社会稳定，让灾民不要有乘机作乱的心理。例如，根据姚廷遴的记述，章光岳知县会清理街道上的尸体，当他抓到那些杀婴煮食的人，也会在公堂上当众杖毙，以儆效尤。[10]其目的就是要告诉当地的灾民，治安还是有人在维持的。不过，这办法不是一定成功的，在陕西，在大旱灾爆发的初期，由于灾民太多，法制已经荡然无存。

知县接着要做的事情，当然是尽量减少死亡人口，办法是设立粥厂，让贫穷者可以免费就食。在上海，章知县便在广福寺和积善寺设立女子粥厂，又在城外演武场和山川坛等处搭盖草厂作为男子粥厂。[11]粥厂的规则是把男女饥民分开，再分别集中到某个地方，用大锅把谷物煮成稀粥，然后将粥分发给每个在场的饥民。这些煮粥的谷米，来自政府粮仓，或是富裕之家的捐赠。粥厂因而吸引了四乡灾民远道前来就食，很多衣衫褴褛的灾民到达粥厂的时候已是虚弱不堪，也就索性在粥厂露宿等食，其中不少也在那里死去。

如何管理粥厂，在清朝建立时已经成为一门学问，许多关于“荒政”的著作面世，讨论如何改善粥厂的管理。魏丕信(Pierre-Etienne Will)参阅了许多这方面的文献，指出它们的共通点是要找出利用最少米谷煮出最能“充塞饥肠”但又不能令人回味无穷的稀粥的办法。魏丕信指出，粥厂中发放的是一种用多种谷物熬成的稀粥。在长江流域和南部的稻作省份，以及供应赋米的中心地(主要是京城周围的地区)，最常见的是米粥。但即使在这些地方，负责赈济的官员，为了更充分地利用稻米，也会掺杂一些廉价的谷物或是各种代用品。清朝的文献中提供了许多烹饪方法，所有方法都是为了以尽可能低的成本来充塞饥肠。例如，有人提议用四份大麦面和一份碎米混合调成稀粥。与其他方法相比，这种稀粥的好处之一是，花费比米粥便宜得多，熟得更快(因而可节省人工和燃料)，其味道不佳，所以只有真正的饥民才会来寻食。来自嘉定县的提议较为慷慨，要求用两份米兑一份杂粮(荞麦或高粱)。还有一种奇特的方法是，先将菜和面粉发酵成糊状，然后和米一起煮成糊粥，看上去令人毫无食欲。魏丕信继续指出，在饥荒的时候，尤其是初期，这种低成本运作的粥厂赈济确实可以迅速满足灾民的需要。不过粥厂的成效始终是有限度的，因为成效除了要看投入的粮食，设立粥厂的位置也是关键。一般来说，粥厂应该是每天开放的，有时甚至一天施粥两次。因而，粥厂必须接近需要救济的地方，这些人不可能仅为一碗稀粥而奔走譬如 30 里或者更远的路。但实际上，基于管理和安全的考虑，地方官府更愿意只在城镇附近设立粥厂，这使得居住在城镇附近的饥民才得到了好处。另外，也是出于资源的限制，每个粥厂的规模最多只能供应数百人，更大的粥厂也只能供应数千人。于是，能够进入粥厂成为人们的竞争目标，而在竞争中，只有那些最强悍者、最狡黠者才得到了好处。[12]

粥厂的管理有很大的改善空间。在山东和直隶两省当过地方官的黄六鸿，于康熙三十三年(1694)写成《福惠全书》[13]，其中便有一节专门讨论粥厂。在这方面，黄六鸿对地方官员有如下原则性的建议：第一，选择交通方便的地点设立粥厂，使灾民易于前来就食；第二，要按时给散，而且是各厂统一时间给散，以免引起猜疑和混乱；第三，严查放赈胥吏为了私吞赈米而在米粥内混入谷壳。[14]

黄六鸿建议州县官员可以在谷物以外同时发放现金给灾民。粥厂的问题是空间有限，在开始赈济的头几天，已被居住在县城附近的灾民占据，故此当那些离城太远的灾民赶到时，已经不能进入。对此，黄六鸿建议县官把灾民分成境内和境外两类，境内灾民可以直接派给谷物或白银，或同时派给两者。这样的话，粥厂便可以专门照顾境外灾民了。他认为这个方法的好处是，“本境饥民，皆有室家，得其米银，即可免其转徙；流来之饥民，原属饿殍，得其粥食，即可救其死亡”[15]。

毫无疑问，将谷物或金钱直接派到灾民所住地方，永远是最体贴的措施。黄六鸿建议知县必须要做好灾民登记。他说：

> 其一切催征词讼及不急之务，皆须停缓。宜亲率里社耆老，至四乡村庄，逐户清查贫穷鳏寡老疾无依者，按口登记，查完一乡，结一户总，合四乡结一大总。共大口若干、小口若干，即知应给米银之数。其清查户口底簿，本官随带内衙查对无差，发房另造清册。四乡四本，送宅查对，用印以便照此册给散米银。⑯

黄六鸿的建议显然过于理想化。清朝的县衙，即使在太平盛世的年代，也因财政紧绌而缺乏人手；在饥荒时期，原来紧缺的人手会因税收减少而更加紧张。试问知县如何在抓捕盗贼和处理尸体的同时，还可以腾出人手去进行灾民普查？

知县将谷物或白银免费送给灾民，从所牵涉的费用来说更加难以做到。我们只要看看黄六鸿自己提出的方案便会明白——黄假设某一个小县的大小麦失收，而经过统计这个小县中受影响的灾民共有 2000 户；再假设每户有 5 人，其中 3 人是大口(大人)，2 人是小口(小孩)，而赈济的方案是每日大口发米(按：应指小米)4 合，小口发米 2 合(按：10 合为 1 升，10 升为 1 斗，10 斗为 1 石)。在这些前提下，他便得出每个灾户每日应得米 1 升 6 合，每月 4 斗 8 升。由于小麦生长期长达 8 个月，所以也应给赈 8 个月，那便是 3 石 8 斗 4 升。全县 2000 灾户，便共需 7680 石。除了谷物，黄六鸿认为知县也应每户赈银 1 两作为灾民修葺屋宇及购买麦种之费，2000 户便共需 2000 两。黄氏强调如果灾情延续，知县也应按照以上准则继续给灾民发放谷物和白银。[17]但是，在清朝，很难找到一个小县有足够的财力免费赈济七千多石粮食和两千两白银，而那只是第一笔(头 8 个月)的开支。

总括来说，从来饥荒赈济，取得成效的关键是资源的投入。清朝以农立国，农业失收，已经影响税收，还可以投放多少无偿赈济？对于资源短缺的州县衙门来说，能够在灾年开设几个粥厂，遑论那些粥的谷物成分，救活少数饥民，已算是尽了责任了。

三、监察市场动向

无论广东或者江南，富裕人口能考虑粮食的种类和价钱后做出消费的选择(见第二部分和第三部分)，是因为明清中国的西江和长江均分别出现了蓬勃的长程米粮贸易。

清朝的皇帝花了很大的力气去维持自由市场的运作。主导这种态度的是传统的互通有无的思想。具体来说，统治者是明白稻米的价钱在不同的地区会有所不同的，如果能够让米谷自由流动，商人在利益的驱动下，自然会将米谷从廉价的区域运到贵价的区域，于是缺米地区的米价便可因米谷的增加而降低。

康熙皇帝在位期间，对长江流域的稻米收成最为紧张。他要求各省督抚时常奏报辖下治区的稻米收成和价格。为了防止他们因循委蛇或者作假，更不时询问在地方工作的心腹，曹寅和李煦便是其中的佼佼者。曹李二人都是康熙皇帝的“包衣”，相当于皇帝己家的仆人，他们分别被委任江宁织造和苏州织造，表面的工作是负责替皇帝织造龙袍，实际上是密切监察长江中下游地区的地方行政，包括稻米的收成和贸易。[18]

通过官员的报告，中央朝廷掌握了关于江南稻米收成的信息。以下是一篇典型的秘密报告，来自在江宁办公的曹寅，发出日期是康熙四十五年(1706)七月初一日：

今年江南北春麦大收，江南惟江宁一府稻田於插秧时雨水花搭[19]，虽种稻者只得八分，种杂粮者亦未空弃田亩。目下各处雨水已调，秋收可望。江西湖广早稻大收，晚稻闻又甚好，只因各处地方官无故禁粜，米贩不行，价值少昂，好米一石价银一两二三钱不等……[20]

从以上曹寅报告的内容，可以看到皇帝有兴趣知道两方面的事情：一是长江沿岸诸省的米谷收成状况；二是长江中游的产米省份(包括湖南、湖北和江西)与下游的江南地区的互通有无情况，尤其是跨省的米谷贩运有没有受到阻挠。在产米省份，很多时候地方官员为了保持省内粮价低贱而阻挠米谷出境[21]，这是康熙皇帝尽力防止发生的事情。

相比于江宁，苏州是长江下游地区内稻米的最大集散地。从长江中游装载籼米东运的船只，很多只是经过江宁，而以苏州作为停靠的终点站。[22]米船所运载的籼米，部分被苏州的人口消费，其余再转小船分卖到江南各处，包括浙江。由于苏州的米粮市场占有举足轻重的地位，对于康熙皇帝来说，苏州织造李煦的报告非常重要。

如曹寅一样，李煦的报告也是紧紧盯着长江中游而来的米船有没有被人刻意阻挠。康熙四十七年(1708)六月，他向皇帝密奏：

> 窃扬州入秋以来，雨水调匀，禾苗甚好，即民间米价已贱下二三钱，终因湖广禁米出境，以致客米不到，尚不能如旧时平价。[23]

康熙四十八年(1709)三月，曹寅也持同样的说法："臣探得苏州平常食米每石壹两叁肆钱不等，江宁平常食米每石壹两贰叁钱不等，总因江西湖广禁粜，兼近日东北风多，客船不能下来之故。"[24]

收到情报后，康熙皇帝立即去问湖北巡抚陈诜和湖南巡抚赵申乔有关米船贩运的情况，确保贸易自由和畅顺。四月十八日，赵申乔诚惶诚恐地奏报，先是感激皇帝对他们父子[25]的恩宠，然后强调“客商贩卖米舡联帆东下，未尝一为查阻，无非欲流通邻省，以免腾贵”。陈诜也提交了类似的奏折。到了五月，康熙皇帝对陈诜的奏折做出批示，称“知道了。江浙米价还贵，尔同赵申乔细心酌议，将湖广米放下救江浙百姓才好”，又着陈诜将谕批传给赵申乔观看。于是六月初一日，赵申乔只得再次上奏强调：“湖南之米听商贩卖，盈千累万，殆无虚日，臣又严饬官民不许留难。”[26]

湖南巡抚赵申乔在康熙四十八年(1709)六月初一日的奏折中，表示“湖南已因贩多而米贵，江浙又不因贩多而米贱”。赵申乔的目的，就是说江浙米贵与湖南无关。不过康熙皇帝在这两句话的旁边加上朱批，问：“米不贱者有甚原故？具折回奏。”[27]

过了一个月还没有等到赵申乔的回复，康熙皇帝开始有了自己的答案，七月，他向北京的朝廷官员指出，江浙一带的富豪之家，广收湖广江西之米，囤积待价，于中取利。因此虽然米船沿江而下，而江浙市场供应的大米却愈来愈少。他问这些官员当如何处理。[28]明清时期的人，往往将商人分为“商”和“贾”。前者是“行商”，是通有无的贡献者；后者是“坐贾”，亦即囤贩，往往囤积居奇，在米价至贵时才抛售。[29]在互通有无的思想下，康熙皇帝显然只支持行商，而反对坐贾赚取不合理利润。

既然囤户是罪魁祸首，那便容易处理了，于是朝廷中的大学士等官员便回复皇帝，应该将囤户从重治罪。他们建议地方督抚选委廉能官吏，到主要米谷码头查访，如见富豪人等囤积米谷，便将他们的米谷按照市价就地发卖，再将这些囤户按“光棍例”治罪。[30]值得一提的是，光棍例是清朝刑事法律中量刑较重的一条，为首者斩决，为从者绞候。[31]

谁知朝廷官员的建议，换来了康熙皇帝的批评，说未能掌握到他的心意（“阅尔等所议，与朕意迥殊”）。皇帝解释，如果按照他们的建议，禁止囤积米谷，那只会让胥吏有机会向米商敲诈勒索，不但于百姓无益，反致其受害。这种建议，皇帝说只是处理了问题的“枝叶”部分，而未“究其本源”。[32]

康熙皇帝认为，若能在长江中游产米省份正清本源，下游的江浙地区自然不会有囤积之弊。他于是把措施说清楚：

> 湖广江西之米，或江浙客商，或土著人民，某人於某处买米石若干，清查甚易，应行文湖广江西督抚，委贤能官，将有名马头大镇店，买卖人名姓及米数一并查明，每月终一次奏闻，并将奏闻之数，即移知江浙督抚。湖广江西之米，不往售於江浙，更将何往？此米众所共知，则买与卖不待申令而米之至者多，即大有利於民也。[33]

简单来说，便是要求地方官员严密监视中游地区的米谷买卖，每月将买卖人姓名和买卖粮数奏与朝廷知道。

在康熙皇帝把心意说清楚后，湖南巡抚赵申乔便立即回奏。他首先报告自己早已风闻江浙富商囤积米谷、待价而沽，只是没有确切证据才未敢在之前的奏折中冒昧陈奏；现在既得谕旨，他将尽快处理和回复。[34]果然，在同一个月，赵巡抚向皇帝呈上了两份极度详细的关于湖南米谷贩卖信息的奏折。[35]

总括来说，清朝政府虽然不齿米商的囤积行为，却没有用法律去干预他们的行为。康熙皇帝顶多是登记他们的姓名和米谷贩运记录，让他们感到有压力而已(必要时朝廷还是可以治他们的罪的)。我们可以说，正是这种低干预的态度，让清初的长程米粮贸易可以顺利进行。

但如果没有措施，政府对市场的监察，又有何作用？

四、政府粮仓的成本和效益

康熙皇帝没有完全放任米粮市场自行运作。在明朝，政府用两个办法处理饥荒问题。第一是前述的粥厂，主要做的是免费赈济，对象是赤贫人口。第二是政府减价米，对象是比较富裕的人口。正如姚廷遴所言："有等不屑去关粥者，赴县领票往各铺贱买官米。官米者，大户乡绅捐助之米也。"[36]姚的意思是，饥荒的时候，大户乡绅向知县捐献了米谷，知县于是把这些米谷托付米铺减价出售给灾民。姚廷遴认为减价出售的官米，来自地方大户的捐献。其实，这些官米也有可能来自地方政府的粮仓。这类粮仓，在明朝叫作"预备仓"，意思是预备灾荒的粮食仓储。平常的运作方式，是地方政府通过这些预备仓把谷物借出，帮助人们渡过难关。[37]到了饥荒的时候，官员还会向老百姓减价出售一些官米。这个方法，在当时叫作“平粜”。清朝建立后，明朝那两种应付饥荒的办法被清朝继承下来。唯一分别是清政府的粮仓不再称为预备仓。随着市场的发展，政府救灾的方式亦逐渐改变——地方官员在谷物价昂时向市场抛出比市价较低的谷物，将谷物价格控制在一个合理的水平上。这种新的粮仓被称为“常平仓”。

常平仓的理论基础，来自中国传统的“养民”思想。所谓“养民”，就是天子有让子民不受饥饿之苦的责任。在先秦时期，管仲、李悝已主张政府应该在谷物价贱的时候大批购入，贮于仓库，等待谷物价昂时再售出，以平市价。这样，无论“农”或者“民”都不会因谷物价格的过贱或过昂受到伤害。[38]虽然常平仓的理论自古有之，而官米的平粜活动在古代也间有发生，但能够把理论普遍实现，并将平粜活动制度化的是清朝。

常平仓的设立，代表了清政府要在米谷市场上与商人进行价格角力。前述在互通有无的思想下，康熙皇帝一直坚持长程的米谷贸易不应该受到人为阻挠，他不单盯着长江中游省份的米谷出口，也拒绝以法律惩罚在下游囤积米谷、待价而沽的商人。清政府的对策是要在市场上与他们打价格战，当商人囤积居奇、待价而沽的时候，政府便向市场倾销廉价粮食。

清政府若要在市场上战胜商人，必须至少具备三个条件：第一，须拥有庞大的米谷储备，否则无法以倾销的方式影响米价；第二，货品要有竞争力，由于米谷销售是出于质量和价格的考虑，故此若米质低劣，即使把售价降低也无法吸引买家；第三，地方官员要尽心办事，在这场价格战中，商人是以自己的身家相搏，如果州县官员漫不经心(米谷是国家财物而非私人财物)，则必败无疑。

为了满足这些条件，早在清朝初年，中央政府已经推行一连串的措施。首先是把地方官员的考核与常平仓的运作挂钩。例如，康熙三十一年(1692)，户部便议定州县所存贮的谷米，须按照正赋钱粮向上报告，如有短少，以亏空罪治罪。[39]

为了保持米谷的新鲜度，增强其在市场上的竞争力，康熙三十四年(1695)，户部议定江南地区储藏的大米，每年将其中的十分之七存入仓库，剩下的十分之三粜出，这一规定成为通例。康熙四十三年(1704)，清政府又议定州县仓库所存粮谷若有变质霉烂，则将官员革职留任，限一年内赔偿完毕，然后官复原职；三年后还不能补足的，治罪，用其家中财产赔偿。[40]

庞大的米谷储备至为重要。康熙四十七年(1708)，清政府规定若州县官员在存贮数额外另外买米储存，准许给其记录功绩。康熙五十四年(1715)规定，缙绅百姓捐纳谷米，按所捐谷米的多少，分别由总督、巡抚及府州县长官发给匾额，永远免除差役。[41]

清政府积极介入市场活动中，毫无疑问需要地方政府付出庞大的资源。诸项费用，如粮仓的建筑和维修费用，以及由看守粮仓至出售仓谷的一切行政费用，对本已陷于经费贫乏的地方衙门来说，必然是一种负担，那么这些措施的成效又如何？

雍正年间，官场上针对常平仓运作的批评已经不少，如在雍正四年(1726)，浙闽总督高其倬便上疏说，福建省的平粜有两大弊病：其一，很多州县的谷仓是空的，官员宁愿贮银而不是贮谷，所以当前任官员与继任官员交接的时候，交割的是白银而非谷物，问题是交割出来的白银数量，往往不够买回足额的米谷；其二，部分州县官吏经营不善，在平粜时定价过低，无法在日后买回同等数额的谷物存仓。[42]

1736年，当乾隆皇帝刚刚即位，若干官员便乘机指出，常平仓的运作根本没让穷人受惠。例如，安徽布政使晏斯盛上奏说，在每年青黄不接时举行的平粜中，买米的只是那些住在城内的人口，甚至是从事囤积居奇的米商："城廓之中，贮米千万，领给者多半囤贩。"相反，许多“嗷嗷待哺者”，居住于远离县城的乡村，“匍匐数拾百里不得颗粒者往往有之”。[43]河南巡抚富德也指出，在开仓之际，地方的“豪绅、劣衿、奸牙、积棍勾通胥吏家人，将银两零星包封，密嘱弟男子侄，以及邻族亲友扮作贫民，分持银两，赴县领粜……更有胥吏为之庇护，以致此往彼来，重迭籴买，毫无顾忌。虽每名下一次所籴不过四五斗，及至密地汇聚成总，一人竟籴至二三十石者，将朝廷酌减普被之恩，转为棍徒囤积贩卖之具”[44]。

常平仓设立的目的是打击囤户，却变成了与囤户勾结的机构。乾隆二年(1737)，广东琼州知府被弹劾“不恤民间疾苦”，任由衙役将仓米售与“地棍”和“奸贩”，从中获利，而不少乡民则“忍饥终日，不得升斗”。[45]同年十二月，浙江金华府东阳县一举人李秀会更上书皇帝，详陈平粜之弊。李秀会首先指出，住在四乡的居民，即使乡间的米价较贵，也极少远赴城里购买政府的赈米，原因是他们发觉花在交通上的时间和金钱很多，即使成功地买到仓米，“所得不偿所失”。至于城中的居民，购买常平仓米的主要是那些“衿户、役户、牙户、囤户”，他们与衙门内的仓书声气相通，“鬼名报买，不计其数”。[46]

新皇帝变得十分紧张粮食问题，大概是在这个阶段，乾隆皇帝开始要求全国各府向朝廷上报该府不同质量的各种粮食的价格。例如，苏州府的稻米，便分为上米、中米和糙米三种。[47]

乾隆皇帝览阅李秀会的奏折后，立即下发上谕，要求各省督抚提出改善常平仓管理的措施，使商人不能再参与倒卖政府赈米的活动。[48]为响应乾隆皇帝的上谕，许多地方督抚都分别提出了意见，诸如主张在城乡各处多设厂所，使离城较远的村庄居民可以就近粜买；平粜之时，贫户须携带自己的门牌以作查验，防止冒名购买；严申每户买米以 2 斗为率，以防止囤积。[49]在众多督抚的意见中，值得注意的是江苏巡抚张渠于乾隆四年(1739)提出的方案。

五、平粜如何定价

张渠的方案，只是希望改善常平仓的财政(而非针对囤户)。他指出，许多知县在平粜的时候由于定价太低，产生了两个坏影响：一是仓米往往在一个月内粜竣，无以接济，囤户便有恃无恐；二是平粜所得金钱，不足以于秋成季节购回足额的仓米，使得帑项有亏。[50]

故此，张渠认为在出售仓米时，不能减价太多。他建议售价应以市价为依据，在丰年的时候，每石可以照市价减一半；但若是米贵之年，以白银计算，每谷一石，只能按照市价减 1 钱(按：1 两有 10 钱，1 钱有 10 分)。[51]张渠的方案很快被朝廷接受，通行各省。[52]

其实，地方官员在出粜的时候做出大幅度的减价，有可能是出于市场的实际需要，如让贫民以更低廉的价格买到谷物，但新政策无疑限制了这方面的行为。乾隆五年(1740)，江西巡抚岳濬便批评张渠的新政策“有减粜之名，并无减价之实”，不能照顾到贫户小民的利益。其一，新政策规定每谷 1 石，灾年照市价减 1 钱白银。但 2 石谷才可碾成 1 石米，按此计算，则只有 5 分之减，所减非常有限。其二，许多需要赈米的是“贫户穷檐，肩挑度日者”，财力有限，每次买米均以升斗计算。1 石有 10 斗，而 1 斗有 10 升，则通盘合计，每斗米只减银 2 厘 5 毫，每升米只减银 2 毫 5 丝。这些厘毫丝忽，亦难于秤兑找赎，所以小民难以受惠。其三，贫民日常生活以铜钱为主，用铜钱去购买以银定价的官谷时，便往往在衙门规定的银钱兑换价中遭受损失。岳濬强调，乡民距设厂平粜之处远者一二十里，近亦不下三四里，若非官价较市价平贱许多，谁肯往来跋涉远籴官谷？[53] 到了乾隆七年(1742)，连乾隆皇帝也表示政府在平粜的事情上不应牺牲贫户小民的利益："岂有於平粜一节，豫防奸民之贱籴贵粜，不为多减价值，而使嗷嗷待哺之穷民，仍复艰於糊口乎！"[54]

乾隆皇帝有意改变当时的政策，但减价多少，才对民生有利，他却未有决定。因此，他再次广发上谕，要求各督抚大臣提出意见。[55]在响应乾隆皇帝上谕的奏折中，更多的官员批评当时的平粜措施，而提出新的方案。例如，御史赵青藜奏请于米贵之年多减价钱，少詹事李清植则奏请恢复原来地方官员有权决定仓米售价的办法。[56]亦有一种意见主张，仓米的售价不应与市价挂钩，而应以购进这批仓米时的价钱作为准则。直隶布政使沈起元便是其中一个建议者，他说："臣愚以为欲立平粜一定之章程，莫若悉照米谷之本价为准……如本价一两，时价一两二钱，照本银则已减一二钱矣；时价至一两八九钱，照本价则减八九钱矣。"可是这个主张被乾隆皇帝严厉驳斥，他下朱批说若根据沈起元的做法，则年复一年，地方衙门何来足够的金钱，购买同样数额的米谷放回常平仓？他最后更以“不通之极，与督臣看”来结束朱批。[57]

乾隆皇帝的态度是常平仓必须在财政运作上自负盈亏。在这个前提下，张渠的新方案便有理由继续存在。其方案虽然没有照顾贫户小民的利益，但最能保证帝国的粮仓制度可以在没有中央政府补贴的情况下继续营运下去。

慈善工作如果只能让机构自负盈亏，那机构便要牺牲部分成立时候所确立的理想。张渠的方案让常平仓能够继续经营，但却不能有效打击囤积居奇。乾隆十年(1745)，盛京巡察御史和其衷便上奏称，在奉天地方，每当开仓平粜，地方官员只密令当地的富商、囤户交银认买，虽然地方官员仍会在各处“设厂”作为平粜的地方，但那只是“虚应故事”，做样子而已。[58]和其衷认为地方官员这个做法“既图省事便安，又可通同中饱”[59]。

同年，两江总督尹继善亦批评常平仓在出粜时，“衙役之中格自饱，与铺户之串买贵卖，种种诡弊，巧诈百出”[60]。乾隆十二年(1747)，浙江钱塘县知县被参，说他令幕僚唤米铺私买仓米约达二千石之多。[61]此案令江南道监察御史欧堪善再向朝廷指出在当时现行的措施下，小民是不会买仓米的，商人才是平粜的最大主顾：“官价每石减银五分，或减一钱。每民一户，每日许买仓米三升，乡民离城遥远，势难荒工赴籴，故买仓米者大率附近居民。奈仓米粗粝，市米稍洁；赴仓则守候维艰，赴市则交易甚便。且价值相去无几，是以小民宁买市米，而不愿买仓米。不十余日而仓米半归米铺。”[62]

商人倒卖赈米的原因，当然是谋取利润。但与升斗小民不同，他们是有能力在平粜中购入大量官米的，所以即使每石仓米所减的价钱很少，合起来所节省的费用仍然是非常可观的。最后小民虽仍会在米铺、囤户那里零星买回原本来自政府的仓米，但经此一转手，价格已非平宜。

总结来说，在缺乏大量资源投入的情况下，清政府利用常平仓去干预市场运作算不得很成功。不过也正因如此，米粮市场得以顺利发展。

六、米贵的元凶

乾隆皇帝在1736年登基，愈来愈感受到稻米价格昂贵的压力。王业键是最早研究清代米粮价格的历史学者。他利用中国第一历史档案馆馆藏的清朝粮价资料，去叙述和分析清初江南的稻米价格。从王业键整理出来的数据可以看到，乾隆皇帝登基后的头五年（1736—1740），苏州府米价还算便宜，年平均米价分别是1两、1.1两、1.3两、1.4两和1.2两；但在第二个五年（1741—1745），该府米价普遍上涨，分别是1.34两、1.53两、1.6两、1.55两和1.42两。[63]这些就是当日乾隆皇帝收到的数据。亦即是说，在乾隆皇帝在位的第一个十年，他从每月收到的粮价报告中，必然感觉到江南稻米愈来愈贵。

早至乾隆八年(1743)的上谕，已经充分表现了皇帝在粮食价格问题上的紧张心情：

> 朕御极以来，重农贵粟，薄赋轻徭，诸如筹积贮，蠲米税，凡所以为民食计者，既周且悉。直省地方，宜乎粮粱充裕，价值平减，闾阎无艰食之虑矣。乃体察各处情形，米价非惟不减，且日渐昂贵，不独歉收之省为然，即年谷顺成，并素称产米之地，亦无不倍增於前。以为生齿日繁耶，则十数年之间，岂遂众多至此；若以为年岁不登，则康熙、雍正间，何尝无歉收之岁？细求其故，实系各省添补仓储争先籴买之所致。[64]

乾隆皇帝所关注的，不是一年或者两年的米贵问题，而是米粮价格的上涨似乎已经形成一个趋势。而且据他观察，上涨趋势不止出现在个别省份，也不论是米粮进口省份还是出口省份。

值得注意的是，乾隆皇帝发出这道上谕的目的，不是询问官员米粮价格高企的原因，因为他已经有了答案。他认为这不是源自帝国的人口增长（“生齿日繁”）或农业失收，而是因为常平仓的“争先籴买”。

“争先籴买”，主要是指米谷进口州县的长官，为了能够购买廉价米谷以填补平粜之后的常平仓额，派遣委员直接前往产米省份进行购买。乾隆皇帝认为这种跨省的采买方式，导致了产米省份的米贵情况。他说：“今因一省产米独多，而各省群趋而籴之，则多米之省，亦必至缺乏而后已。”[65]

于是皇帝下令以后各省常平仓采买只限本省，不得跨省进行。[66]乾隆皇帝的新措施，对像湖南、湖北和江西这些产米省份的官员来说，是一个好消息。主要原因是，这些省份也有自己的城市人口，也要在米贵的时候进行常平仓平粜。每当江南地区出现米粮不足的时候，邻省米商已经云集，若再加上临省政府的采购员，米价将更加腾贵。故此，乾隆皇帝的措施，是为了保护产米省份而推出的。

新措施偏帮了产米省份，却又限制了进口粮食省份常平仓的自由运作。如果它们不能像以往一样购入廉价大米，在米贵之年，将难以填补平粜之后的常平仓额。幸好乾隆九年(1744)开始，苏州的稻米价格出现回落，按每石大米计算，乾隆八年(1743)是1.6两，乾隆九年(1744)是1.55两，乾隆十年(1745)是1.42两，乾隆十一年(1746)是1.37两。[67]江南的常平仓营运没有那么紧张，故此不大在乎从邻省购买米谷的活动。

好景不长，到了乾隆十二年(1747)，米价又再度回升至1.61两。乾隆皇帝的忧虑又来了。十二月，他再次向地方督抚广发上谕：

朕思米谷为民生日用所必需，而迩年以来，日见腾贵，穷黎何以堪此……若谓囤户居奇，此实弊薮，然自地方官力所能禁，何至全不奉行，任其垄断累民，而督抚漫无觉察，竟无一实力严禁，著有成效者？若谓户口繁滋，则自康熙年间以来，休养生息，便应逐渐加增，何独至今日而一时顿长？若谓水旱偏灾，则亦向来所有，何以从来未闻如此之贵，且亦当歉者贵而丰者贱，又何至到处皆然，丰歉无别？若谓康熙年间，仓储有银无米，雍正年间，虽经整饬，尚未详备，今则处处积贮，年年采买，民间所出，半入仓庾，未免致妨民食，此说似乎切近。然在当时分省定额，悉经该督抚分别酌议，自按各省情形，且至今足额者寥寥，亟需采买，所在皆是，借以备荒拨赈，难议停止。设或果由於此，则当切实敷陈，商酌妥办，不当听其自然，而不为之所也。朕反覆思之，不能深悉其故，亦未得善处之方……可传谕各督抚，令其实意体察，详求得失之故，据实陈奏。[68]

从这道上谕可知，皇帝命令督抚们在人口增长、农业失收和仓储采买这三个问题上发表意见，若它们其中一个或者全部是米谷价格上涨的原因，应该如何处理？

如果我们把之前乾隆八年(1743)的谕旨与这道上谕联系起来了解，则乾隆皇帝的重点，仍然是政府粮仓的采买政策。从乾隆八年(1743)到乾隆十二年(1747)，经过了四年时间，江南仍然米贵。那么，政府应否对禁止邻省采买政策进行检讨？常平仓仍然是重要的，在这道上谕中，皇帝特别强调，各省常平仓“至今足额者寥寥，亟需采买，所在皆是，借以备荒拨赈，难议停止”。

乾隆皇帝的上谕发出之后，各省督抚亦纷纷回复皇帝的询问。督抚们意见纷陈，大多数解释是“户口繁滋”“偏灾偶被”“田亩不尽种谷”“造酒酾曲耗费”等，基本上可以用湖南巡抚杨锡绂的奏折中提出的四点作为概括——户口繁滋、风俗日奢、田归富户、仓谷采买。[69]简单来说，就是以米粮的生产与消费作为总体去解释问题。

乾隆十三年(1748)，各省米谷价格仍然高昂，苏州府的每石米价也跳升至 2.04 两。[70]有学者怀疑是否地方官员为了顺着皇帝的意思而夸大事实[71]，这是有可能在个别省份发生的，不过却不大能套用在这一年的江苏省。江苏省在乾隆十三年(1748)的高昂米价，实源于前一年该省沿海地方(包括江北和江南地方)发生的风灾。乾隆十二年(1747)七月中旬，乾隆皇帝已经收到报告，称“苏松等处，猝被风潮，而崇明一邑，受灾为尤重”。据当时江苏巡抚安宁的报告，在崇明，房屋倒塌、居民漂没甚多，是“非常之灾”。为了应付灾民，安宁立即将省内各府的常平仓做统一管理，拨出米谷，运到灾区进行平粜，安排如下：崇明县拨江、苏、常等府属仓谷19万石，镇洋县拨苏、常、镇等府属仓谷3万石；宝山县拨苏州府属仓谷1万石；海州拨淮、扬等府属仓谷5万石，沭阳县拨镇、扬等府属仓谷2.5万石。[72]这即是说，江苏省预备拨出为数共30.5万石的仓谷(约相当于15万石米)去进行平粜。另外，皇帝决定截留该省应运上北京的漕"米"40万石，作为赈济之用。[73]翌年[乾隆十三年(1748)]春天，江南的米价仍然高昂。五月，江南提督谭行义奏："本年三月以来，雨水过多，市集米粮价值，较之往岁昂贵。"也因为这个情况，在三月到五月，江南地区，包括青浦县朱家角镇、吴江县南门外、盛泽镇等处，均出现当地人阻挠商人米船出境事件。[74]

值得注意的是，在乾隆十三年(1748)，江苏和江西政府达成了两省常平仓之间为数10万石的稻谷调拨；

之后江苏又与湖南达成类似的协议，而买运的稻谷更多达20万石。在这协议中，江苏巡抚付钱，请湖南巡抚在其省内收买稻谷，然后运到长沙，交付给江苏巡抚派来的官员领运回省。[75]这种跨省的仓米采买合作，得到长江中游的江西和湖南政府的支持，原因是他们能在米贵的年份维持对米谷出口的控制，同时也有可能在售卖仓谷的过程中得到利润。事实上，当江西巡抚知道湖南的协议是20万石后，也向皇帝奏请在10万石之外，再多拨20万石，只是皇帝觉得这年江南秋收有望，这增拨的建议暂时可以稍等一等而已。[76]

常平仓谷跨省调拨的性质，就是各省政府之间的米谷贸易，但意义重大，它突破了乾隆八年(1743)禁止邻省采买的命令，让江南地区在米贵之年继续可以大手笔进口江西和湖南的米谷，并通过平粜活动，让这些米谷进入地方市场。这种省与省之间的粮食互补，逐渐成为18世纪全国各地粮价昂贵时的主流措施。

全汉昇指出，18 世纪中国物价的上涨，还有货币的因素。综合来说，自清朝定都北京后，和平秩序次第恢复，更多的货物在市场内出售，因而使物价较之明末有下降的趋势。但至康熙二十二年(1683)收复台湾后，次年开海禁，中国对外贸易又形活跃，丝茶出口日增，导致它在国际贸易上经常维持巨额出超，赚取大量来自美洲新大陆的白银。据全汉昇的统计，1700 年至 1830 年，仅广州一口就输入白银约四万万元。[77]而且外国银圆无论成色、重量、形式都有固定的标准，中国人乐于作为交换的媒介，使得市场上的货币数量和使用速度都激增，物价因而不断上涨。[78]

陈春声和刘志伟虽然同意美洲白银在明清时期大量流入中国，但基于两点原因，不同意其引致了 18 世纪中国物价的大幅上涨。第一，美洲白银进入中国后，很快通过赋税制度留在国家国库，又或者被皇帝和权贵所囤积，另外不少白银也通过木材贸易被西南省份吸纳。

第二，乾隆十三年(1748)诸督抚所列举的米贵原因，都没有揭示货币因素是物价长期上涨趋势的背后原因。[79]

18 世纪中国粮价的变动，可以有很多原因，如果用现代经济学去分析，不外乎粮食和货币各自的供应两个因素。譬如说，即使粮食的供应和需求数值维持不变，只要流入市场的货币增加，粮食价格便上涨；而当货币减少，粮食价格便下降。我们称前者为通胀，后者为通缩。

不过这个时代的清人，对于物价涨跌的概念，还只停留在商品的供求关系上。就是在这个概念下，“互通有无”才成为米谷市场的大原则。所以一遇到米贵，皇帝和督抚便自然想到户口繁滋、风俗日奢、田归富户、仓谷采买这些事情上。简单来说，督抚没提到影响米价的货币因素，并不等于这个因素不存在，只是他们的概念还未达到这个地步而已。

七、小结

乾隆十三年(1748)的“粮食价格大讨论”中，在芸芸督抚之中，山东巡抚阿里衮的意见是比较接近现代经济学对物价的了解的。他虽然看不到白银愈来愈多(因而导致银价愈来愈贱)，倒是发现铜钱价格愈来愈贵。他说：“康熙年间，每银一两易钱一千，少亦九百余文，今止易七百余文，是米价已暗加二三钱。”至于钱价昂贵如何引致米价昂贵，阿里衮并没有很好地解释，只是笼统地说那是因为“农民粜米，银少钱多；商铺收粮，以钱价合银计算”。[80]虽然阿里衮想到粮食价钱的高昂是由货币引起的，但这种意见，在清初并非主流。

清朝自由米谷市场的出现，源于朝廷传统的互通有无思想。在这个思想之下，皇帝反对对米谷市场的人为阻挠，尤其是地方政府或商人对米谷出口的阻碍。这个来自朝廷的努力，保证了清初长程米粮贸易的自由。

同样重要的是，虽然清政府认定囤积米谷的行为是互通有无的障碍，却没有对囤贩进行直接打击，改为利用政府仓储制度与他们在市场上做较量。当然，如果仓储制度成功，自由市场便自然萎缩。米贵之年，常平仓运作的采买动辄数十万石，规模相当可观。不过常平仓始终是自负盈亏的机构，影响有限，它的其中一个有效的运作模式，是先将仓谷卖给商人，再由商人转卖到市场上。在这个操作下，常平仓和米商处于一种合作多于敌对的状态。

注　释

① 参见李文治编：《晚明民变》，42～43页，上海，中华书局，1948。

② 姚廷遴：《历年记》，见上海人民出版社编：《清代日记汇抄》，50页，上海，上海人民出版社，1982。

③ 姚廷遴：《历年记》，见上海人民出版社编：《清代日记汇抄》，51页，上海，上海人民出版社，1982。

④ 姚廷遴：《历年记》，见上海人民出版社编：《清代日记汇抄》，51页，上海，上海人民出版社，1982。

⑤ 姚廷遴:《历年记》,见上海人民出版社编:《清代日记汇抄》,51页,上海,上海人民出版社,1982。

⑥ 姚廷遴:《历年记》,见上海人民出版社编:《清代日记汇抄》,50～51页,上海,上海人民出版社,1982。

⑦ 姚廷遴:《历年记》,见上海人民出版社编:《清代日记汇抄》,51页,上海,上海人民出版社,1982。

⑧ 姚廷遴:《历年记》,见上海人民出版社编:《清代日记汇抄》,51页,上海,上海人民出版社,1982。可能身体太过虚弱,寄居姚家的亲戚"渐渐扑地而死"。

⑨ 参见姚廷遴:《历年记》,见上海人民出版社编:《清代日记汇抄》,52页,上海,上海人民出版社,1982。

⑩ 参见姚廷遴:《历年记》,见上海人民出版社编:《清代日记汇抄》,52页,上海,上海人民出版社,1982。

⑪ 参见姚廷遴:《历年记》,见上海人民出版社编:《清代日记汇抄》,50页,上海,上海人民出版社,1982。

⑫ 参见魏丕信:《18世纪中国的官僚制度与荒政》,徐建青译,114～115页,南京,江苏人民出版社,2003。

⑬ 黄六鸿《福惠全书》(濂溪书屋藏版)自序称该书作于康熙三十三年(1694)。关于荒政,参见黄六鸿:《居官福惠全书》,见官箴书集成编纂委员会编:《官箴书集成》第3册,523～532页,合肥,黄山书社,1997。黄六鸿,江西新昌人,康熙九年(1670)以举人被委任山东郯城县令,后改任直隶东光县令,《福惠全书》是其在晚年退休后的作品。

⑭ 参见黄六鸿:《居官福惠全书》卷二十七,见官箴书集成编纂委员会编:《官箴书集成》第3册,529页,合肥,黄山书社,1997。

⑮ 黄六鸿:《居官福惠全书》卷二十七,见官箴书集成编纂委员会编:《官箴书集成》第3册,528页,合肥,黄山书社,1997。

⑯ 黄六鸿:《居官福惠全书》卷二十七,见官箴书集成编纂委员会编:《官箴书集成》第3册,528页,合肥,黄山书社,1997。

⑰ 参见黄六鸿:《居官福惠全书》卷二十七，见官箴书集成编纂委员会编:《官箴书集成》第3册，528页，合肥，黄山书社，1997。

⑱ 关于曹寅和李煦的历史数据，可参见故宫博物院明清档案部编:《关于江宁织造曹家档案史料》，北京，中华书局，1975;《李煦奏折》，北京，中华书局，1976。

⑲ “雨水花搭”，意思大概是江宁府有降雨，但雨水没有出现在稻米生长最需要的月份。

⑳ 康熙四十五年七月初一日曹寅奏，见中国第一历史档案馆编:《康熙朝汉文朱批奏折汇编》第1册，391页，北京，档案出版社，1984。

㉑ 省内粮价低贱，不单受非农业人口的欢迎，更有利于保证驻守城内的官员和兵丁的日常食用。

㉒ 苏州是全国米粮的重要集散地，在那里成交的价格，对全国许多地方的米价，均具有影响的力量。故此全汉昇认为可以从苏州米价涨落的趋势来观察全国米价变动的大概情形。参见全汉昇:《美洲白银与十八世纪中国物价革命的关系》，见《中国经济史论丛》第2册，479～480页，香港，香港中文大学新亚书院新亚研究所，1972。

㉓ 康熙四十七年六月李煦奏，见中国第一历史档案馆编:《康熙朝汉文朱批奏折汇编》第2册，102页，北京，档案出版社，1985。

㉔ 康熙四十八年三月十六日曹寅奏，见中国第一历史档案馆编:《康熙朝汉文朱批奏折汇编》第2册，350页，北京，档案出版社，1985。

㉕ “父子”应该是指赵申乔和他儿子赵熊诏。这一年[康熙四十八年(1709)]，赵熊诏中状元，授翰林院修撰。

㉖ 康熙四十八年六月初一日赵申乔奏，见中国第一历史档案馆编:《康熙朝汉文朱批奏折汇编》第2册，470～471页，北京，档案出版社，1985。

㉗ 康熙四十八年六月初一日赵申乔奏，见中国第一历史档案馆编:《康熙朝汉文朱批奏折汇编》第2册，471页，北京，档案出版社，1985。

㉘ 参见《清实录》第6册《圣祖仁皇帝实录(三)》卷二三八，377页，北

京，中华书局，1985。

㉙ 明初安徽地主兼粮长章谦(1343—1423)，把商贾的概念说得非常清楚，参见章谦：《备荒通论下》，见贺长龄、魏源等编：《清经世文编》(1827年)卷三十九《户政十四》中册，953页，北京，中华书局，1992年据光绪十二年思补楼重校本《皇朝经世文编》重印。

㉚ 参见《清实录》第6册《圣祖仁皇帝实录(三)》卷二三八，377页，北京，中华书局，1985。

㉛ 参见苏亦工：《清律"光棍例"之由来及其立法瑕疵》，载《法制史研究》，第16期，2009，195～243页。

㉜ 《清实录》第6册《圣祖仁皇帝实录(三)》卷二三八，377页，北京，中华书局，1985。

㉝ 《清实录》第6册《圣祖仁皇帝实录(三)》卷二三八，377～378页，北京，中华书局，1985。

㉞ 参见康熙四十八年九月初一日赵申乔奏，见中国第一历史档案馆编：《康熙朝汉文朱批奏折汇编》第2册，637～640页，北京，档案出版社，1985。

㉟ 康熙四十八年(1709)九月赵申乔分别上奏《题报查看水路情形并回署日期疏》和《折奏湖南运米买卖人姓名数目稿》，这两篇奏折收录在赵申乔：《赵恭毅公自治官书类集》卷六，见《续修四库全书·史部·政书类》第880册，730～733页，上海，上海古籍出版社，1995。

㊱ 姚廷遴：《历年记》，见上海人民出版社编：《清代日记汇抄》，50页，上海，上海人民出版社，1982。

㊲ 参见梁方仲：《明代的预备仓》，见《梁方仲经济史论文集补编》，159～163页，郑州，中州古籍出版社，1984。

㊳ 参见冯柳堂：《中国历代民食政策史》，41～53页，北京，商务印书馆，1993。

㊴ 参见柯美成主编：《理财通鉴——历代食货志全译》(下)，1093页，北京，中国财政经济出版社，2007。

㊵　参见柯美成主编：《理财通鉴——历代食货志全译》(下)，1093页，北京，中国财政经济出版社，2007。

㊶　参见柯美成主编：《理财通鉴——历代食货志全译》(下)，1093页，北京，中国财政经济出版社，2007。

㊷　参见柯美成主编：《理财通鉴——历代食货志全译》(下)，1093页，北京，中国财政经济出版社，2007。

㊸　《朱批奏折》，乾隆元年六月六日晏斯盛奏，中国第一历史档案馆藏缩微胶卷，第54盒，1415～1418页。

㊹　《朱批奏折》，乾隆元年六月二十二日富德奏，中国第一历史档案馆藏缩微胶卷，第54盒，1427～1430页。

㊺　《清实录》第9册《高宗纯皇帝实录(一)》卷四三，762～763页，北京，中华书局，1985。

㊻　《朱批奏折》，乾隆二年十二月李秀会奏，中国第一历史档案馆藏缩微胶卷，第54盒，1849～1871页。

㊼　清朝的粮价单资料，在北京的中国第一历史档案馆收藏，其中苏州府的粮价单，可见于馆藏的《江苏省粮价单》缩微胶卷第1盒。

㊽　该上谕于乾隆二年(1737)十二月十四日发。参见《朱批奏折》，乾隆三年一月十一日，中国第一历史档案馆藏缩微胶卷，第54盒，1891～1896页。

㊾　参见王庆云(1798—1862)：《石渠余纪》，184～185页，北京，北京古籍出版社，1985。

㊿　参见《朱批奏折》，乾隆四年八月十五日张渠奏，中国第一历史档案馆藏缩微胶卷，第54盒，2809～2813页。

(51)　参见《清实录》第11册《高宗纯皇帝实录(三)》卷一六九，143页，北京，中华书局，1985。

(52)　参见《清实录》第11册《高宗纯皇帝实录(三)》卷一六九，143～144页，北京，中华书局，1985。

(53)　参见《朱批奏折》，乾隆五年六月十三日岳浚奏，中国第一历史档案馆藏缩微胶卷，第 54 盒，3164～3166 页。

(54) 《清实录》第 11 册《高宗纯皇帝实录(三)》卷一六九，144 页，北京，中华书局，1985。

(55) 参见《清实录》第 11 册《高宗纯皇帝实录(三)》卷一六九，144 页，北京，中华书局，1985。

(56) 参见钱陈群：《请减粜价借籽种疏》，见贺长龄、魏源等编：《清经世文编》卷四十《户政十五》中册，954 页，北京，中华书局，1992 年据光绪十二年思补楼重校本《皇朝经世文编》重印。

(57) 《录副奏折》，乾隆八年六月八日沈起元奏，中国第一历史档案馆藏缩微胶卷，第 49 盒，2236～2239 页。

(58) 《清实录》第 11 册《高宗纯皇帝实录(四)》卷二四三，139 页，北京，中华书局，1985。

(59) 《录副奏折》，乾隆十年五月十日和其衷奏，中国第一历史档案馆藏缩微胶卷，第 50 盒，465～470 页。

(60) 《朱批奏折》，乾隆十年六月六日尹继善奏，中国第一历史档案馆藏缩微胶卷，第 55 盒，2846～2847 页。

(61) 参见《朱批奏折》，乾隆十二年十月十三日欧堪善奏，中国第一历史档案馆藏缩微胶卷，第 56 盒，720～724 页。

(62) 《朱批奏折》，乾隆十二年十月十三日欧堪善奏，中国第一历史档案馆藏缩微胶卷，第 56 盒，720～724 页。

(63) 参见 Yeh-chien Wang, "Secular Trends of Rice Prices in the Yangzi Delta, 1638-1935," in Thomas G. Rawski and Lillian M. Li eds., *Chinese History in Economic Perspective*, California, University of California Press, 1992, p. 42, Table 1. 1.

(64) 《清实录》第 11 册《高宗纯皇帝实录(三)》卷一八九，429 页，北京，中华书局，1985。

(65) 《清实录》第 11 册《高宗纯皇帝实录(三)》卷一八九，429 页，北京，中华书局，1985。

⑥ 参见《清实录》第11册《高宗纯皇帝实录(三)》卷一八九，429页，北京，中华书局，1985。

⑥ 参见Yeh-chien Wang, "Secular Trends of Rice Prices in the Yangzi Delta, 1638-1935," in Thomas G. Rawski and Lillian M. Li eds., *Chinese History in Economic Perspective*, California, University of California Press, 1992, p. 42, Table 1. 1.

⑥ 《清实录》第12册《高宗纯皇帝实录(四)》卷三〇四，977～978页，北京，中华书局，1985。

⑥ 参见《清实录》第13册《高宗纯皇帝实录(五)》卷三一一，99页，北京，中华书局，1986。另外，彭信威把督抚的意见做成了一个小统计表，参见彭信威：《中国货币史》，864页，注释3，上海，上海人民出版社，1965。

⑦ 参见Yeh-chien Wang, "Secular Trends of Rice Prices in the Yangzi Delta, 1638-1935," in Thomas G. Rawski and Lillian M. Li eds., *Chinese History in Economic Perspective*, California, University of California Press, 1992, p. 42, Table 1. 1.

⑦ 参见陈春声、刘志伟：《贡赋、市场与物质生活——试论十八世纪美洲白银输入与中国社会变迁之关系》，载《清华大学学报(哲学社会科学版)》，2010(5)，77页。

⑦ 参见《清实录》第12册《高宗纯皇帝实录(四)》卷二九六，882～883页；卷二九八，899页，北京，中华书局，1985。

⑦ 参见《清实录》第12册《高宗纯皇帝实录(四)》卷三〇〇，924页，北京，中华书局，1985。

⑦ 参见《江苏苏松等处聚众阻粜案》之《谭行义折》，见故宫博物院文献馆编：《史料旬刊》第19册(1931年)，地五十下，台北，国风出版社，1963年重印。

⑦ 参见《清实录》第13册《高宗纯皇帝实录(五)》卷三二〇，272页，北京，中华书局，1986。

⑯ 参见《清实录》第13册《高宗纯皇帝实录(五)》卷三二〇，272页，北京，中华书局，1986。

⑰ 参见全汉昇：《清中叶以前江浙米价的变动趋势》，见《中国经济史论丛》第2册，515页，香港，香港中文大学新亚书院新亚研究所，1972。

⑱ 参见全汉昇：《美洲白银与十八世纪中国物价革命的关系》，见《中国经济史论丛》第2册，475～508页，香港，香港中文大学新亚书院新亚研究所，1972。

⑲ 参见陈春声、刘志伟：《贡赋、市场与物质生活——试论十八世纪美洲白银输入与中国社会变迁之关系》，载《清华大学学报(哲学社会科学版)》，2010(5)，71、78页。

⑳ 《清实录》第13册《高宗纯皇帝实录(五)》卷三二三，338页，北京，中华书局，1986。

结论：

稻米种植的全球史

稻米是现代人类的主要粮食。既然农作物相同，种植方式和农家生活便自然相近，包括在每一个春天，地球上所有国家的种植稻米的农民都在焦急地等待同一事情——第一场大雨。天降甘霖，农民便可以将秧苗移插到大田里了。

哈蒙德(Winifred G. Hammond)把这种心情，通过虚构的人物活灵活现地表达了出来。她说，如果你到了印度，你可能见到辛格先生正在巡视他的稻田。稻田的泥土早已被太阳晒得干涸到即使犁头也翻动不了的地步。辛格先生抬头望着灼热的天空，喃喃自语："唉！什么时候才下雨？只要下雨，我便可以立即插秧了。"他的太太和儿女待在泥草盖搭而成的屋子内。在4、5月时，热浪逼人，除非在早上和晚上，大家都避免进行不必要的户外活动。当辛格先生进屋，辛格太太问道："看不看得到云？"他摇了摇头，说："还没有。让我们一起祈祷下雨吧！"

在印度数千里外的韩国，蔡先生有着类似的心情。他走到门口，打开门，向外面地上的雪张望，他想，雪减少了，很快便会消失了。他关上门，对太太说："我想我们可以明天移秧，今年的春天来得迟，已经是5月中旬了。"蔡太太张大眼睛说："每天夜晚仍然会结霜，把秧苗都冻住了。"蔡先生回答："就是这样啊！我现在每晚都出去在培田上洒水保温，好让秧苗不会冻坏。每天早上又把水放走，好让阳光的热力不会被水减弱……"

在菲律宾群岛，克鲁兹先生跟他的孩子们说："今日带上那头懒惰的水牛，将它在河中洗擦干净，明天它要工作了。到时我会用一根绳子穿过它的鼻孔，驱使它在稻田上走呀走。已经下雨了，是时候移秧了。”孩子们都很高兴，嚷着明天跟爸爸一同下田。克鲁兹笑着说：“可以，可以，我们一起去，到时我牵引水牛在田上拉着耙来回走，你们两个可以骑在牛背上呢！”

不止印度、韩国和菲律宾群岛，还有中国、缅甸、泰国、日本和印度尼西亚等，只要是种植稻米的地方，农民的日常担忧都大同小异。他们最担心天气——春天会否迟来抑或太冷？雨水会否太少或太迟？会否有洪水把农作物冲走？……[①]

在20世纪的大部分时间里，农业和经济被认为是两个独立且不相关的概念。即使没有人否定农业的重要性，农业也往往被排除在有关经济发展的讨论之外。20世纪初的中国，正处于强敌环伺的国际环境中，中华民国政府认为国内的粮食生产尚不能自给自足，一旦开战，粮食不足的问题，便会对国家构成安全威胁。政府于是将目光投向农业改革，邀请了卜凯等外国农学专家来到中国，帮助开发高产的水稻和小麦品种，以求养活更多的人口。[2]尽管政府意识到农业的重要性，却认为农业无关乎国家的现代化。对政府来说，现代化是以工业为基础的，尤其是重工业。

在国策上追求粮食自给自足，不等于中国的农村是自给自足的单位。陶尼（Richard Henry Tawney，1880—1962)在 1932 年的研究指出，中国农民对农作物的选择，并非单单为了果腹，更重要的是针对市场所需。在山东，农民尽量将小麦卖出，而自己吃较廉价的高粱，这个情况也见于四川省成都市。他又利用卜凯在中国各地调查的共 2866 个农场的数据，得出 53％的农产品是卖到市场的，其中包括超过 1/3 的水稻，1/2 的小麦、豆类和豌豆，2/3 的大麦，以及 3/4 的芝麻和蔬菜等。陶尼的结论是，在中国，无论是棉花、茶叶、烟草和丝绸等经济作物，还是粮食作物，主要都是为了出售而种植的。[3]

西奥多·舒尔茨(Theodore Schultz，1902—1998)也质疑农民对市场活动一无所知的说法，问道："读写能力意味着什么?"他认为即使农民是文盲，也不等于他们对投资和回报缺乏敏感度。舒尔茨指出，在世界上每一个国家，甚至那些被西方视为落后的地区，农民都会对市场做出反应。例如，中美洲危地马拉的帕纳哈切尔(Panajachel)地区，地处偏远，以耕种为主，但从来不是自给自足地孤立地存在，而是紧密地融入更大的市场。该地的农民勤俭持家，也精于交易。他们将农田租出，或将庄稼卖掉，换取金钱，好让他们在市场上换取家庭日用品或农具。美洲原住民也是如此，他们会在自己耕作与做他人雇工之间做出理性的比较。同样地，20世纪20年代和30年代印度旁遮普(Punjab)邦的棉农，与他们在北美的同行一样，会因应市场需求的变化而做出生产的改变。④

罗友枝(Evelyn Rawski) 表明，市场状况甚至影响了一千年前中国农民对农产品的选择。占城稻这种耐旱的早熟稻品种，在11世纪前期已经被引进中国，促成了华南地区如广东和福建的双季稻种植。虽然占城稻有种种好处，这一新的稻米品种却无法打入江南的农业生态系统。苏州的农民还是宁愿继续种植粳米。这种本地稻米虽然种植时间长、产量低，却在市场上得到了更好的回报。⑤

自16世纪开始，中国水稻的产量有了长足的增长，其背景不是人口压力，而是海上贸易。首先是日本发现银矿，导致中国东南沿海省份(尤其是浙江和福建)的商人纷纷利用帆船，满载丝绸和瓷器，开到长崎，以求交换白银。这突如其来的蓬勃繁荣的私人海上贸易，突破了朝贡贸易的常规，被明朝禁止，而海商被视为私客甚至海盗。但利益当前，帝国的禁令无法阻止白银贸易。占据马六甲海峡的葡萄牙商人，马上占据澳门，充当中国和日本之间的贸易中介人。当时中国白银的来源，除了日本，还有菲律宾群岛的马尼拉。当地不产白银，但当1565年西班牙人占据马尼拉后，便利用这个港口发展对华贸易，出口他们得自美洲新大陆的白银。到了18世纪，日本的白银矿藏已经所余无几，而西班牙的海洋帝国也走向衰落，但英国东印度公司乘时接棒，把公司从欧洲赚取得来的白银运到中国广州，交换茶叶。

明清的长程米粮贸易是从蓬勃的海上贸易中发展出来的。在白银贸易下，中国东南沿海城市都成了国内丝绸、瓷器和茶叶出口的总汇，也是外国白银进入中国的港口。城市的经济规模扩大，不断从本省农村和邻近省份补充劳动力。无论是本省的，或者新到来的人口，都变得比以前富裕。他们逐渐放弃吃粗粮的习惯，餐桌上改放更有体面的稻米。正如安部健夫所言："只要把一般人的想吃更好吃的东西的欲望看作问题，米谷就的的确确是不足的。"[⑥]邻省的农民，针对这个庞大的新兴市场，纷纷投资和发展种植廉价稻米，再利用大江大河转运到这些沿海商业城市。在这个发展势头下，长江流域和珠江流域的米谷贸易便因而蓬勃起来。

中国对大米需求的增加和发展是与世界其他地方同步发生的。1670 年英国殖民者在北美洲东南沿岸的南卡罗来纳建立查尔斯镇(Charles Town)，并开始在当地种植稻米，作为从欧洲新来移民的粮食。不过由于缺乏经验，以及资源投资有限，早期的稻米种植点多选择在不受涝害影响的高地。缺点是收成不多，仅够应付本地的需求。随着查尔斯镇的发展，以及更多拥有经验的欧洲稻农的到来，在 18 世纪头十年，稻米已经成为南卡罗来纳的最主要农作物。不过南卡罗来纳稻米的真正发展，是 1731 年英国国会容许从南卡罗来纳出发的英国货船装载稻米到达欧洲。这个弛禁命令，让南卡罗来纳的农民看到了潜在的庞大的海外稻米市场，开始花费巨额金钱和大量人力，在低地修筑灌溉系统，种植水稻。果然，1731 年后，南卡罗来纳的稻米出口持续增长，而

1760—1780年欧洲的农业失收，更把这个美欧的长程稻米贸易推到新的高峰。为了投入更多劳力、增加产量，南卡罗来纳从西非输入大量黑奴。1770—1775年，到达南卡罗来纳的非洲黑奴，40%都是从事稻米耕种的。[7]在1785年一艘抵达查尔斯镇的从事黑奴贩卖的货船上，船主广告中便写着船上的黑奴都是勤力和精于耕种稻米的。[8]

供应欧洲市场的也有来自印度孟加拉(Bengal)地区的大米。1820年前，孟加拉地区已经成为欧洲主要的稻米进口地区。1912—1913年，孟加拉地区的大米出口超过一千万英担(cwt)，约相当于五亿千克。进口国家和地区包括锡兰、英国、法国、德国、毛里求斯、东非、南美、西印度群岛和阿拉伯等。不过，并非所有的孟加拉大米都能达到市场要求的质量。孟加拉大米大概可以分为三种。第一种叫*aush*，是耐旱的早熟稻米品种，4月至5月播种，生长期只需100～120日，7月至9月便有收成。不过 *aush* 质量低下，不大能在市场出售，所以多是作为耕种者自己食用的品种。第二种叫 *boro*，在潮水涨落的地方种植，12 月至 2 月播种，4 月至 5 月收成。与 *aush* 一样，*boro* 同样是粗粮。第三种是 *aman*，是秋冬品种。*aman* 的特点是它需要悉心栽培，不过在市场上，与前两种品种比较，*aman* 的质量是最高的，也最受市场欢迎。[9]

总括来说，自 16 世纪开始，在地球的热带和亚热带地区，包括中国的华中和华南地区，稻米的产量大大增加。对于这个现象，我们不应单纯用人口压力来解说。稻米的商品化，是愈来愈多人放弃杂粮的表现；而食用稻米，不单是因为口感问题，更是一种社会地位的表示。所以，1958 年的广州人，即使在困难的日子里，也不大愿意吃番薯。同样的情况是，在 2010 年，当印度尼西亚政府呼吁人们多吃稻米以外且较为高产的碳水化合物(包括玉米、西米、木薯、番薯、土豆等)时，印度尼西亚社会有很大的反应。一个23岁的印度尼西亚学生对记者说:“我早餐、午餐和晚餐都是吃米饭的。”“如果我不吃米饭,便觉得自己什么都没吃过,我还可以吃什么东西?”记者很清楚问题的关键——在传统的印度尼西亚社会中,稻米是尊贵的餐桌主粮,不像木薯那些根茎类杂粮带着贫穷的含义。[10]

注 释

① 参见 Winifred G. Hammond, *Rice: Food for a Hungry World*, New York, Fawcett Publications, Inc., 1961, pp. 9-11.

② 参见 Seung-Joon Lee, "Rice and Maritime Modernity: The Modern Chinese State and the South China Sea Rice Trade," in Francesca Bray et al. eds., *Rice: Global Networks and New Histories*, New York, Cambridge University Press, 2015, pp. 99-117.

③ 参见 Richard Henry Tawney, *Land and Labor in China*, 1932, repr. Boston, Beacon Press, 1964, pp. 54-55.

④ 参见 Theodore Schultz, *Transforming Traditional Agriculture*, Chicago, University of Chicago Press, 1964, pp. 34-35, 42-44, 49-50.

⑤ 参见 Evelyn Sakakida Rawski, *Agricultural Change and the Peasant Economy of South China*, Cambridge, Harvard University Press, 1972, pp. 40-41, 52.

⑥ 安部健夫:《清代米谷供需研究》,见刘俊文主编,栾成显、南炳

文译:《日本学者研究中国史论著选译》第 6 卷, 421 页, 北京, 中华书局, 1993。

⑦ 参见 Hayden R. Smith, "Reserving Water: Environmental and Technological Relationships with Colonial South Carolina Inland Rice Plantations," in Francesca Bray et al. eds., *Rice: Global Networks and New Histories*, New York, Cambridge University Press, 2015, pp. 189-192.

⑧ 参见 Peter A. Coclanis, "White Rice: The Midwestern Origins of the Modern Rice Industry in the United States," in Francesca Bray et al. eds., *Rice: Global Networks and New Histories*, New York, Cambridge University Press, 2015, pp. 291-317.

⑨ 参见 Lauren Minsky, "Of Health and Harvests: Seasonal Mortality and Commercial Rice Cultivation in the Punjab and Bengal Regions of South Asia," in Francesca Bray et al. eds., *Rice: Global Networks and New Histories*, New York, Cambridge University Press, 2015, pp. 248, 254.

⑩ 参见"Let Them Eat Potatoes-Drive to Wean 240m Indonesians Off Rice," *South China Morning Post*, on December 13, 2010, from Agence France-Presse.

图书在版编目(CIP)数据

想吃好的：明清中国的稻米种植和消费 / 张瑞威著. —
北京：北京师范大学出版社，2024.5
(历史人类学小丛书)
ISBN 978-7-303-29858-7

Ⅰ.①想… Ⅱ.①张… Ⅲ.①水稻栽培－农业史－
中国－明清时代 Ⅳ.①S511-092

中国国家版本馆 CIP 数据核字(2024)第 051193 号

营 销 中 心 电 话 010-58808006
北京师范大学出版社
新史学策划部微信公众号 新史学 1902

XIANG CHI HAODE
出版发行：北京师范大学出版社 www.bnupg.com
北京市西城区新街口外大街 12-3 号
邮政编码：100088
印　　刷：北京盛通印刷股份有限公司
经　　销：全国新华书店
开　　本：890 mm×1240 mm 1/32
印　　张：6.625
字　　数：90 千字
版　　次：2024 年 5 月第 1 版
印　　次：2024 年 5 月第 1 次印刷
定　　价：49.00 元

策划编辑：宋旭景 责任编辑：曹欣欣
美术编辑：王齐云 装帧设计：王齐云
责任校对：陈 民 责任印制：马 洁 赵 龙